三维计算机视觉技术
及其在电力行业的应用

常政威　谢晓娜　王旭鹏　著

科学出版社

北京

内 容 简 介

本书从三维计算机视觉技术的特点入手，详细介绍了最新的研究进展，并以电力行业作为典型的应用场景，阐述了其重要的社会意义。全书共有 7 章，内容包括三维视觉技术概述、关键点检测与描述、显著性区域检测、三维非刚性模型配准、三维目标姿态估计、三维目标跟踪、三维视觉技术电力应用实例等。

本书可供高等院校电气工程、计算机专业的学生及相关从业人员参考使用。

图书在版编目（CIP）数据

三维计算机视觉技术及其在电力行业的应用 / 常政威，谢晓娜，王旭鹏著. —北京：科学出版社，2023.5

ISBN 978-7-03-075049-5

Ⅰ.①三… Ⅱ.①常… ②谢… ③王… Ⅲ.①计算机视觉－应用－电力工业－研究 Ⅳ.①TP302.7 ②F426.61

中国国家版本馆 CIP 数据核字（2023）第 038714 号

责任编辑：叶苏苏 高慧元 / 责任校对：崔向琳
责任印制：罗 科 / 封面设计：墨创文化

科 学 出 版 社 出版
北京东黄城根北街 16 号
邮政编码：100717
http://www.sciencep.com
成都锦瑞印刷有限责任公司印刷
科学出版社发行 各地新华书店经销

*

2023 年 5 月第 一 版 开本：B5（720×1000）
2023 年 5 月第一次印刷 印张：8 3/4
字数：181 000

定价：129.00 元
（如有印装质量问题，我社负责调换）

前　　言

当今世界，在新一轮科技革命大背景下，社会生产生活方式加速转变，有力地推动了产业变革深入发展，为经济社会高质量发展提供根本动力。在自动驾驶、机器人、数字孪生以及虚拟/混合现实等应用的驱动下，三维计算机视觉技术在近年来得到了广泛的关注。受益于三维形貌信息自身特有的优势、数据采集技术的发展以及硬件计算能力的增强，三维视觉技术已广泛应用于航空航天、汽车工业、高端装备制造、医疗美容、能源动力等领域，为各行业的信息化、智能化变革提供重要支持。

与传统的二维图像信息相比，三维形貌能够提供更丰富、更精细的几何形状信息，从而更全面、真实地描述三维场景属性。三维视觉的研究主要围绕三维目标的描述、识别、姿态估计、跟踪等问题展开。由于噪声、数据缺失、拓扑变换等一系列形状变换的存在，对物体表面几何信息的有效表示是一项十分具有挑战性的任务。关键点检测与描述基于一系列的局部特征，稳健性、独特性和鉴别力是其重要属性。三维目标显著性特征的检测与描述是计算机视觉和计算机图形学领域的一个基本问题，与基于关键点的特征描述方法相比，目标上的区域具有更高的鲁棒性，因此在三维目标匹配、模型配准、目标识别和模型检索等任务中有着广泛的应用。三维目标配准计算模型在不同姿态变换下的对应关系，即拟合两个模型之间满足特定结构约束的映射关系，是计算机视觉和计算机图形学的基本任务。由于三维几何数据在现实场景中可能会受到各种干扰，这就要求配准算法具有很强的鲁棒性。三维姿态估计计算目标在三维空间中的姿态信息，可靠的目标姿态估计对大尺度的姿态变化保持鲁棒性，且能够有效地处理遮挡。三维时敏单目标跟踪是自动驾驶和机器人视觉等相关领域应用的基础。三维点云数据的不规则性、无序性和稀疏性导致传统二维目标跟踪的方法无法直接应用，为三维时敏单目标跟踪带来巨大的挑战。

以电力行业的变电站为例，三维模型能够直观生动地表达站内设备设施三维空间位置和设备内部结构，融合实时定位、在线监测、视频监控等技术，在三维设计、智能运检、仿真培训、数字孪生等方面得到越来越广泛的应用。利用三维激光扫描等技术，对电力设备设施整体进行全方位扫描，快速获取点云模型，再继续进行细节优化算法计算，达到精细三维模型标准，实现等比例、高精度实景还原，为电力行业的数字化转型提供数据及模型基础。

本书在内容编排上从三维视觉技术最新的研究进展入手，对关键点检测与描述、显著性区域检测、三维目标的配准、三维目标姿态估计以及三维目标跟踪进行系统阐述，最后详细介绍了三维视觉技术在电力行业的典型应用实例。全书共有 7 章，第 1 章是三维视觉技术概述，第 2 章是关键点检测与描述，第 3 章是显著性区域检测，第 4 章是三维非刚性模型配准，第 5 章是三维目标姿态估计，第 6 章是三维目标跟踪，第 7 章是三维视觉技术电力应用实例。本书是作者在十多年从事三维视觉科研和电力行业工程应用的基础上编著的，是作者的科研和开发经验的总结。在编著过程中，作者特别注意培养读者理论和实际相结合的能力。书中各章节都提供了大量的实验，让读者学以致用，加深对理论知识的理解。

本书由国网四川省电力公司电力科学研究院正高级工程师常政威组织撰写、审阅和统稿。其中，常政威负责第 1 章、第 6 章、第 7 章的编写，成都信息工程大学谢晓娜负责第 2 章、第 3 章的编写，电子科技大学王旭鹏负责第 4 章、第 5 章的编写。此外，电子科技大学江维、华雁智能科技（集团）股份有限公司唐曙光等也参与了本书资料整理等方面的工作，在此一并向他们的辛勤付出表示感谢。特别感谢参考文献中所列的各位作者，包括未能在参考文献中一一列出的作者，正是因为他们在各自领域的独到见解和贡献为作者提供了宝贵的研究视角和丰富的创作源泉。

本书得到了四川省杰出青年科技人才计划项目（2020JDJQ0075）、四川省自然科学基金创新研究群体项目（2023NSFSC1987）的资助。本书的出版也得到了多位前辈和同行专家的指导、支持和鼓励，在此表示衷心的感谢。

由于新技术更新较快、作者水平有限，书中难免会出现疏漏之处，敬请广大读者批评指正。

目　　录

第1章　三维视觉技术概述

1.1　背景与意义

视觉是自然界中的生物感知和认识外部世界的一个重要渠道，在人们的日常生活中起着非常关键的作用。计算机视觉技术模拟生物的视觉功能，使用传感器采集图像，借助计算机对数据进行处理和分析，从而达到理解现实场景的目的。

在过去的几十年间，成像传感器技术得到了快速的发展，计算机的运算能力持续提高，推动了二维图像的研究，并取得了显著的成果，如红外图像、可见光图像等。二维图像是现实世界到图像空间的映射，由于外部场景中的目标是三维的，图像的成像过程丢失了目标的部分信息。因此，仅仅使用二维图像不能对外部世界进行有效的表达。随着结构光编码和激光雷达等三维传感器的飞速发展，近年来，三维点云数据的采集越来越方便快捷。点云数据在数学上抽象描述为点的三维坐标的集合，其本质为在特定的坐标系下对外部世界几何信息的离散采样。与传统的二维图像相比，三维点云数据具有以下显著的优势。

（1）描述目标的三维几何形态信息。

传统的二维图像描述的是外部场景的表象，丢失了三维空间信息。点云数据描述目标表面的三维几何形态，因而能够更直接地为特征提取与匹配等计算机视觉任务提供信息。

（2）不受外界光照变化的影响。

常见的三维成像传感器大都采用主动成像的方式，如结构光传感器和激光雷达等。因此，外部世界中光照的变化不会影响到点云数据的采集。

（3）受成像距离影响较小。

传统的二维图像成像过程容易受到成像距离变化的影响，导致成像目标的尺度发生变化。而点云数据是对外部场景中目标表面三维几何形态的离散化采样，成像距离不会改变成像目标的尺度，只会影响采集数据的精度和分辨率，因而更适用于计算机视觉任务。

近年来，伴随着三维重建技术的飞速发展，通过点云数据获取三维模型变得越来越便捷，对于三维目标的研究正受到人们的广泛关注，并成为计算机视觉和计算机图形学领域的研究热点。为了推动三维非刚性模型的研究，计算机视觉和计算机图形学领域的顶级国际期刊（如 *IEEE Transactions on Pattern Analysis and*

Machine Intelligence，*International Journal of Computer Vision* 和 *Pattern Recognition* 等）已经开展了多个相关工作的特刊，本学科领域的顶级国际会议（如 Internaltional Conference on Computer Vision and Pattern Recogintion，International Comference on Computer Vision 和 International Comference on Computer Vision 等）也多次举办相关主题的研讨会。同时，从全世界最具权威的信息技术研究与顾问高德纳（Gartner）公司公布的 2017 年技术成熟度曲线（图 1-1）可以看出，在受到关注的多项新兴技术中，有三个与三维几何信息的处理密切相关（如图 1-1 中矩形框所示）。其中，虚拟现实技术当前正处在"复苏期"，预期在接下来的 2～5 年之内进入"成熟期"；增强现实技术经历了扎实而有重点的实验，正处于"幻想破灭期"；而智能机器人技术正受到公众的广泛关注，并将于未来 5～10 年进入"成熟期"。当前，卡内基·梅隆大学、斯坦福大学、巴黎综合理工学院、西澳大学和浙江大学等科研院所，谷歌、英特尔、微软和特斯拉等高科技公司，都在三维目标的分析领域开展了很多的研究工作。

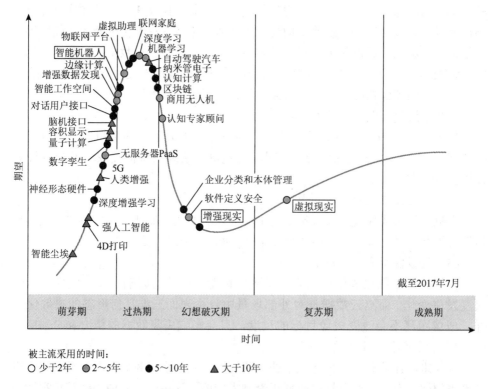

图 1-1　Gartner 技术成熟度曲线

三维视觉的快速发展推动了社会生产生活方式的革新。特别地，近年来电力行业全力促进电网发展方式转变，推进输变电工程数字孪生建设。数字孪生是物理世界在虚拟空间的镜像，实时接收物理世界的信息，更要反过来实时驱动物理世界，进化为物理世界的先知、先觉甚至超体，这个演变过程称为"成熟度进化"。

通常来说，数字孪生体的生长发育将经历数化、互动、先知、先觉和共智5 个过程。

（1）数化是对物理世界数字化建模。这个过程需要将输变电设备设施甚至场地表达为计算机和网络所能识别的数字模型。实景三维建模是数字化的核心技术之一。物联网是"数化"的另一项核心技术，将输变电设备本身的状态变为可以被计算机和网络所能感知、识别和分析的。

（2）互动主要指数字对象间及其与物理对象之间的实时动态互动。物联网是实现虚实之间互动的核心技术。数字世界的责任之一是预测和优化，同时根据优化结果干预物理世界，所以需要将指令传递到物理世界。物理世界的新状态需要实时传导到数字世界，作为数字世界的新初始值和新边界条件。另外，这种互动也包括数字对象之间的互动，依靠数字线程来实现。

（3）先知是指利用仿真技术对物理世界的动态预测。这不仅需要数字对象表达物理世界的几何形状，更需要在数字模型中融入物理规律和机理。仿真技术不仅建立输变电设备的数字化模型，还要根据当前状态，通过物理学规律和机理来计算、分析和预测物理对象的未来状态。

（4）先觉是指依据不完整的信息和不明确的机理，通过工业大数据和机器学习技术来预感未来。如果要求数字孪生越来越智能和智慧，就不应局限于人类对物理世界的确定性知识，仅仅依赖于数字孪生体的"先知"能力。其实人类本身就不是完全依赖确定性知识而领悟世界的。预测输变电主设备未来的健康状况就需要依据"先知"和"先觉"。

（5）共智就是实现不同数字孪生体之间的智慧交换和共享。

在数化阶段，通过各种技术构建变电站和输电线路的实景三维模型。在互动阶段，借助物联网技术，在实景三维模型上接入并融合电气设备实时运行信息和工业视频，通过高清固定摄像机和机器人对变电站进行联合巡检，同时构建基于北斗系统和超宽带（Ultra Wide Band，UWB）技术的室内外精确定位，进一步实现虚拟空间和物理世界的紧密联动。在先知、先觉阶段，综合运用客观物理对象的各种规律和信息，预测输变电主设备未来健康状况。

1.2　研究历史与现状

从 20 世纪 70 年代开始，针对目标三维几何形态信息的研究开始受到人们的关注，并在 20 世纪八九十年代陆续取得一系列的成果[1]。在这之后，由于点云传感器价格昂贵、发展缓慢，采集的点云数据十分有限，直接限制了相关研究的开展。进入 21 世纪，得益于传感器点云采集技术的提高以及设备计算能力的进步，三维视觉技术又重新受到了人们的广泛关注，并在学术界和工业界的共同推动下取得了一系列的技术突破。三维视觉的飞速发展带动产生了重要的社会效益（如电力行业）。

在三维目标的描述方面，根据特征提取方式的不同，当前的算法主要包含两大类，即基于模型全局特征和局部特征的模型描述方法[2]。基于全局特征的算法考虑模型的整体结构，通过编码模型上所有采样点的几何和拓扑信息生成模型的特征描述子。模型的全局描述方法精确度高，但是要求数据的采集场景相对简单，无法应对遮挡等杂乱环境的影响。基于局部特征的算法通过提取并编码模型上几何信息丰富的点对三维几何模型进行描述，此类算法主要包含两个步骤，即关键点的检测和局部特征的描述。由于模型的局部特征能够有效地应对噪声、数据缺失、视角变化、拓扑变化和遮挡等的影响，在针对目标场景的三维几何形态分析中被广泛地采用，是三维重建、目标检测识别和跟踪等任务的基础。在过去的几十年中，刚性物体的局部特征提取算法取得了巨大的进展[2]，针对非刚性物体的特征提取问题当前正受到人们的广泛关注。

三维几何模型易受各种数据扰动的影响，如噪声、数据缺失、尺度变换、拓扑变换等。与基于关键点的特征提取方式相比，显著性区域提取方式具有更强的稳健性，因而受到了学术界的广泛关注[3-5]。在二维图像领域，基于区域特征的算法已经取得了巨大的进步。同样地，三维几何模型上显著性区域的检测也取得了部分进展，并成功地应用于模型的分割、配准、检索等任务中。

在三维目标配准问题上，根据模型非刚性变换表示方法的不同，现有的算法可以分为两大类，即基于点匹配和基于函数匹配的模型配准算法。基于点匹配的算法使用模型采样点之间的对应关系表示模型的非刚性变换，比较直观，并且易于理解。但是，求解模型上采样点之间的匹配关系是一个组合优化问题，其计算复杂度由模型上采样点的数目 n 所决定，为 $O(n!)$。基于点匹配的模型配准算法是一个 NP 难（Non-deterministic Polynomial Hard）问题。同时，由于其离散的本质，无法添加模型配准的连续性等约束条件[6]。基于函数匹配的方法将基于点匹配的算法进行推广，通过为函数空间选取适当的基函数，使用矩阵表示模型之间的非刚性变换。更为重要的是，模型配准的约束条件可以使用函数匹配矩阵线性地表示。由于其对非刚性变换简洁的表示方式以及算法的精确度较高，基于函数匹配的算法得到了人们的广泛关注。

在目标姿态估计问题上，特别是头部姿态估计，现有算法主要采用 RGB 图像。然而，此类算法容易受到光照变化的影响，很难适用于夜间光线较差或白天光照持续变化等环境。考虑到三维点云数据采集鲁棒性的优势，三维目标姿态估计算法受到了广泛的关注，包括基于模型配准和深度学习的算法。

在目标跟踪问题上，现有算法过于依赖二维视觉信息，在光照变化剧烈或极端天气情况下，RGB 视觉信息的质量变差甚至无法获取，会极大地限制算法的性能。除此之外，当前算法专注于生成二维目标框，与三维目标框相比，由于缺少一个维度的信息而无法精确地表示目标在空间中的位置信息。点云数据能够描述目标的三维几何位置信息，因此三维视觉技术开始应用于解决目标跟踪问题。

1.3　相关技术简介

本节首先给出了本书中所涉及的基本定义和概念，然后分别介绍了相关技术的研究现状，包括关键点检测与描述、显著性区域检测、模型配准、目标姿态估计及目标跟踪，最后阐述了三维视觉技术电力应用实例。

1.3.1　基本概念及定义

传感器所捕获的目标场景的三维几何形态信息具有三种载体，分别为深度图像、点云数据和多边形网格。与二维图像的表示方法相似，深度图像由成像点在特定坐标系中的二维坐标 (x_i, y_i) 和成像点到传感器的距离 d_i 组成，其数学形式描述为 $I = \{(x_i, y_i, d_i), i = 1, 2, \cdots, N_I\}$，其中 N_I 表示深度图像中成像点的个数。点云是目标采样点在特定坐标系统中三维坐标 (x_i, y_i, z_i) 的集合，其数学形式描述为 $P = \{(x_i, y_i, z_i), i = 1, 2, \cdots, N_P\}$，其中 N_P 表示点云中采样点的数目。通过对点云中的采样点建立邻接关系，可以生成三维几何信息的另外一种表示方式，即多边形网格。多边形网格由顶点 $v_i = (x_i, y_i, z_i)$、边 $e_i = (v_m, v_n)$ 和面元组成。根据面元的不同表示方法，多边形网格可以分为三角形网格、四边形网格等凸多边形网格。由于三角形网格表示简单，并且很容易通过点云数据获得，本书后续章节中主要处理三角形网格描述的三维几何形态信息。三角形网格的数学形式描述为 $T = \{(v_i, f_j), i = 1, 2, \cdots, N_V, j = 1, 2, \cdots, N_f\}$，其中，面元 $f_j = (v_m, v_n, v_k)$，N_V 表示三角形网格中的顶点数目，N_f 表示面元的数量。

1.3.2　关键点检测与描述

1. 关键点的检测

在过去的几十年中，已经提出了大量的关键点检测方法用于三维模型的分析。现有的针对三维模型关键点检测的研究主要集中于刚性变换下算法的稳定性[2]。

为了处理可形变的模型，对模型等距变换保持不变的检测器被提出。最简单的关键点检测方法是随机采样（Random Sampling）或表面抽取（Surface Decimation）。但是，这些方法无法检测出模型上具有独特性的关键点，因为没有考虑点几何信息的丰富性。

通过将二维图像的关键点检测方法扩展到三维几何模型，提出了三维关键点检测器。受尺度不变特征转换（Scale-Invariant Feature Transform，SIFT）方法[7]的启发，网格曲面高斯差（Mesh Difference of Gaussian，MeshDOG）[8]被用作三维模型上关键点检测的显著性度量。首先使用光学或几何属性定义模型的标量场，并与一组高斯内核进行卷积操作。然后计算卷积结果的高斯差，并选取高斯差尺度空间中的极大值点为关键点。该方法能够检测足够数量的可重复的关键点。但是，它对网格分辨率的变化很敏感[2]。文献[9]将二维图像中的 Harris 关键点检测器[10]进行推广，提出了 3D-Harris 关键点检测器。首先为每个点的邻域中定义一个二次曲面，并生成一个量作为其镜像，具有最大镜像的部分点被选为模型上的关键点。该算法对模型的变换保持稳健，然而，它使用尺度固定的邻域，并没有充分利用包含在局部平面中的尺度信息[2]。

因为扩散几何对模型的等距变换保持不变，并且在模型数据干扰下保持鲁棒，所以被用于三维可形变模型上关键点的检测。文献[11]中，热核函数被限制在时域，得到热核签名函数，其局部极大值被选为模型的关键点。该方法能够检测出独特性高的关键点，但是点的数量较少，并且依赖于网格的分辨率，因为局部最大值是通过比较每个点与其二环邻域获得的[2]。本书提出的关键点检测算法将热核签名函数与同源一致性相结合，与上述方法相比，在保证具有较高的独特性的同时，能够提取到更多的几何信息丰富的点。

2. 关键点的描述

为了分析存在非刚性变换的三维几何模型，提出了大量的局部特征描述子。其中，基于扩散几何的算法是最成功的方法之一。文献[12]使用拉普拉斯-贝尔特拉米算子（Laplace-Beltrami Operator，LBO）的特征值和特征函数，作为描述模型的本征属性的特征，称为模型基因组（Shape-DNA）。文献[13]通过将拉普拉斯-贝尔特拉米算子的特征函数和特征值构成 L2 序列，提出了全局点签名（Global Point Signature，GPS）。基于热扩散过程的分析，提出了热核签名（Heat Kernel Signature，HKS）函数[11]和其尺度不变的变种 SI-HKS（Scale Invariant Heat Kernel Signature）函数[14]。文献[15]通过聚合关键点局部邻域的热核签名函数，进一步提高其鉴别性，提出了本征的形状上下文（Intrinsic Shape Context，ISC）特征描述子。文献[16]基于粒子波动过程，提出了波动核签名（Wave Kernel Signature，WKS），描述了具有特定能量分布的粒子位于给定点处的概率。

基于机器学习的方法与扩散几何相结合，也已被用于学习三维变形表面的局部特征描述子。文献[17]中，度量学习（Metric Learning）被用来学习一个通用的、最优的谱特征描述子。文献[18]中，卷积神经网络被推广至非欧氏空间中，用于学习一个各向异性的谱特征描述子（Anisotropic Spectral Descriptor）。文献[19]使用深度神经网络学习二值化的谱特征描述子，并应用于三维几何模型的配准[19]。以上这些基于机器学习的方法大都是高度优化的，并且需要大量的数据用于模型的训练，而这在大多数情况下是无法获得的，尤其是对于三维的几何模型。因此，这些算法的应用受到了限制。

1.3.3　显著性区域检测

针对三维几何模型的显著性区域检测是一个复杂的问题，特别是对于存在等距变换的三维模型。近年来，计算机视觉和计算机图形学领域对该问题进行了深入的研究。

Litman 等[3]最早开始解决三维可形变模型区域检测问题，将其抽象描述为在模型上寻找最稳定的组件。为了具有对等距变换的不变性，该方法利用扩散几何推导加权函数，分别提出了两种网格曲面的表示方法，即基于网格顶点（Vertex Weighted）和边加权（Edge Weighted）的图结构。实验结果表明，基于边加权的图结构表示方法比顶点加权图更具有一般性，并且表现出更优越的性能。该算法框架已扩展，并用于处理具有体积的形状[20]。

受认知理论的启发，Sipiran 等[21]将显著性区域视为模型上的关键组件（Key Components），并认为它们包含丰富的、具有区分性的局部特征。根据这个理论，显著性区域对应于模型上具有高突起的部分，并且可以通过测地线空间中的聚类过程来检测。但是，此方法是对模型不完整的分解，许多显著性的区域未被检测[4]。

由于反映模型的本征属性，基于扩散几何的方法在三维非刚性模型的分析中取得了显著的成功[11]。Reuter[22]将拉普拉斯-贝尔特拉米算子的特征函数与同源一致性理论相结合，生成了模型的分层分割方法。文献[13]首先计算模型上每个点的全局签名，然后将该模型映射到其本征空间（Intrinsic Space）中，最后在该空间中使用聚类算法以实现模型的分割。以上算法均使用拉普拉斯-贝尔特拉米算子的特征函数进行模型分割，但是，特征函数易出现符号改变（Sign Flipping）或特征向量切换（Eigenvectors Switch）等问题，特别是当相应特征值之间的差异较小时[23]。Rodola 等[4]将共识聚类（Consensus Clustering）的思想引入该领域以实现稳定的分割。首先在全局点签名空间中计算多次聚类，以生成一个异构的模型分割的集合。文献[4]认为可以通过从这些分割中提取统计信息来获得一个稳定的模型分割。在模型数据受到各种干扰的情况下，该方法具有当前最好的结果。

与拉普拉斯-贝尔特拉米算子的特征函数相比，基于扩散几何理论的热核函数的变种具有更高的稳定性，因而被用于可形变模型的分割。文献[24]、[25]提出了基于同源聚类的模型分割算法。该算法框架首先计算与局部极大值相关的模型组件的显著性，然后将这些组件以树的形式组织到一起，最后选择持久度阈值来合并这些组件以产生稳定的模型分割。该算法在模型的等距变换下保持不变。但是，它使用基于顶点的加权函数，与基于边的加权算法相比，更易受到噪声的影响[26]。同时，该算法在很大程度上取决于持久度阈值的选择，而该参数很难推导得出。Heat Walk 算法[26]通过充分利用热核函数中包含的信息，可以提取模型上的显著性区域。因为 Heat Walk 算法可以视为基于边加权的算法，所以对模型数据的干扰具有很强的稳健性[4]。

如文献[4]所述，上述区域检测算法关注模型在不同的数据干扰下算法的稳健性，它们无法自动地确定提取的模型组件的最佳数量。因此，这些算法提取的一些区域缺乏丰富的几何特征，这限制了它们进一步的应用，如模型配准和模型检索。为了解决以上问题，本书提出一个新的区域检测算法，在具有很强稳健性的同时，能够检测到模型上所有的显著性区域，并且不需要人工干预和任何的先验知识。

1.3.4　三维非刚性模型配准

三维几何模型的刚性变换可以使用一个矩阵来表示，而模型的非刚性变换只能通过点的匹配来描述。因此，三维非刚性模型配准本质上为组合优化问题，复杂度较高[6]。同时，现实场景中的三维数据可能会受到各种干扰（如等距变换、孔洞、微孔、尺度变换、局部尺度变换、重采样、噪声、散粒噪声以及拓扑变换等），这就要求配准算法具有很强的鲁棒性。

现有的算法主要利用特征点的匹配来解决三维非刚性模型的配准，并将其抽象描述为最小失真问题。文献[27]基于模型在度量空间的表示，提出了推广的多维尺度变换（Generalized Multi Dimensional Scaling，GMDS）算法。首先将模型投影到基于测地线距离的度量空间中，然后通过计算模型之间失真最小的映射来完成模型的配准。文献[28]基于模型的等角变换，提出了默比乌斯（Mobius）投票算法。首先对三维网格模型上点的三元组进行默比乌斯变换，并计算每个点的形变能量函数，通过计算并统计每个匹配点对的投票数来完成模型的配准。文献[29]首先利用热核映射特征计算稳定的匹配点对，然后使用热核映射最优化的方法迭代地增加匹配点的数目。文献[30]首先计算模型的特征点，然后生成一系列的匹配点对，最后通过采用随机抽样一致（Random Sample Consensus，RANSAC）方法计算点的匹配。文献[31]引入了概率的方法，迭代地寻找匹配点对。

为了解决最小失真问题，文献[32]~[35]引入了贪婪算法。文献[32]将模型投影到基于测地线距离的度量空间，选取极大值为特征点，然后使用贪婪算法计算匹配点对。文献[33]首先使用高斯函数的差分和高斯函数直方图来提取并描述模型的特征点，然后根据特征点之间的欧氏距离计算匹配点对。文献[34]将点的匹配抽象描述为图问题，首先利用双向图计算初始的匹配点对，然后使用贪婪算法增加并更新匹配点对。文献[35]首先基于贪婪算法计算少量点的匹配，然后通过概率的方法将其推广到整个模型。由于三维非刚性模型配准本质上为组合优化问题，以上算法具有计算的复杂度高、精度较低、容易受噪声干扰等缺点。

1.3.5　三维目标姿态估计

本书以头部姿态为例，介绍三维目标姿态估计技术。现有的头部姿态估计算法主要采用 RGB 图像进行头部姿态估计。其中，Hsu 等[36]提出采用 RGB 作为输入的深度网络，该网络针对四元素和欧拉角的不同输出方式给出了联合的多元回归损失函数。Patacchiola 等[37]研究了自适应梯度法和 Droupout 法相结合的卷积神经网络（Convolutional Neural Network，CNN）模型，该模型直接为输入头部 RGB 图像建立姿态估计回归模型。Ruiz 等[38]把回归问题转化为分类与回归相结合的问题处理，训练了一个深度卷积神经网络直接从图像强度预测头部姿态。他们首先用分类的结果去映射一个可以回归的区间范围，再利用 multi-loss 进行回归预测。Ahn 等[39]提出了一种利用 RGB 估计头部姿态的高效 CNN 模型，并采用基于粒子滤波的后处理方法提高了模型在视频应用中的稳定性。Drouard 等[40]提出了方向梯度直方图（Histogram of Oriented Gradient，HOG）特征和高斯局部线性映射模型相结合的方法来进行头部姿态估计，将人脸描述符映射到头部姿态空间，从而预测头部旋转角度。然而，这类方法容易受到光照变化的影响，很难适用于夜间光线较差或白天光照持续变化等环境[41]。

为此，基于点云数据描述的方法被提出。点云数据描述的是场景的三维几何结构信息，不受光照变化的影响，能够有效地应对 RGB 彩色图像存在的问题。Fanelli 等[42]考虑到随机回归森林处理大型训练数据的能力，通过该方法来估计鼻尖的三维坐标和头部距离图像的旋转角度，从而实现姿态预测。Padelleris 等[43]根据相机获取的深度图重建头部的三维几何模型，然后使用粒子群优化算法进行头部姿态估计。Papazov 等[44]引入了一种新的三角曲面描述符来编码三维曲面的形状，训练阶段合成头部模型，通过对比输入深度图与头部模型的描述符进行头部姿态估计。随着深度学习在计算机视觉领域取得巨大的成功，研究人员开始采用基于深度学习的方法解决头部姿态估计问题。Venturelli 等[45]采用深度图作为输入，将卷积神经网络用于头部姿态估计。Chen 等[46]提出 CNN 与随机森林相结合的方式，采用 CNN 网络来获取关节信息，再通过随机森林将之细化，进而实现姿态估计。但是，传统的深度学习网络架构只能处理高度规则的数据格式，如二维图片或三维网格。而点云数据是点的集合，通常被转化为多视角下的深度图或三维网格，这导致了数据的冗余，计算复杂度高，无法满足实时性的要求[47, 48]。

1.3.6　三维目标跟踪

1. 二维目标跟踪概述

许多先进的二维目标跟踪算法大都基于孪生神经网络[49]。如图 1-2 所示，孪

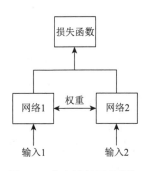

图 1-2　孪生神经网络框架

生神经网络通常包含两个分支，分别用于处理模板区域和搜索区域。它们通过结构相同且权重共享的两个子网络，输出映射到高维度空间的特征表示，用于比较两个区域的相似程度。在此基础上，结合区域候选网络可以实现高性能的二维目标跟踪[50]。后续许多研究都建立在这套框架之上并取得了不错的性能[51, 52]。但是，上述方法均以二维卷积神经网络为基础，而点云的不规则性，导致传统二维的卷积操作无法直接应用到点云数据。所以，本章介绍的方法以二维孪生跟踪框架为基础，将其扩展用于解决三维目标跟踪。

2. 三维目标跟踪概述

现有的目标跟踪方法通常采用 RGB 或 RGB-D 信息[53, 54]，基于点云的三维目标跟踪研究相对较少。主要存在以下两个问题：①过于依赖 RGB 信息，在光照变化剧烈或极端天气情况下，RGB 视觉信息的质量变差甚至无法获取，会极大地限制算法的性能；②一些方法专注于生成二维目标框，相较于三维目标框，由于缺少一个维度的信息无法精确地表示目标在空间中的位置信息[54]。基于形状补全的三维孪生跟踪是目前唯一仅使用点云数据的三维目标跟踪算法。该算法通过在点云和三维目标提议上进行深度学习，取得了三维目标跟踪的最好结果，但是因为其在三维全局进行搜索，存在计算复杂度过高的问题。

3. 点云深度学习

目前，点云深度学习越来越受到大家的关注[47]。但是由于点云的无序性、稀疏性和不规则性，许多在二维视觉中成熟的算法无法应用到点云上。为此许多学者在三维目标识别[55, 56]、三维目标检测[57, 58]、三维目标姿态估计[59, 60]和三维目标跟踪[61]方面都进行了相关研究，以解决在三维点云场景下的各类问题。

基于形状补全的三维孪生跟踪算法[61]虽然取得了不错的结果，但是不能执行

端到端的训练，且其在三维全局空间进行搜索计算复杂度较高。为了解决这一问题，本章介绍一个端到端的三维目标跟踪算法。

4. 霍夫投票

霍夫投票[62]基于广义的霍夫变换[63]，提出了一种学习物体形状表示的方法，它可以有效地将不同训练样本上观察到的信息结合到一起。基于这一思想，霍夫投票与深度学习相结合，提出了一个可训练的端到端深度网络[57]，用于解决点云中的三维目标检测问题。该网络通过聚合目标的局部上下文信息进行联合提议和验证，取得了很好的结果。如何有效地结合霍夫投票和深度学习网络来实现三维目标跟踪，同时进一步优化投票的选择，是本书专注解决的问题。

1.3.7　三维视觉技术电力应用实例

数字孪生基于三维视觉技术，通过激光扫描仪、无人机分别获取输变电工程的点云数据和多角度图像序列，采用三维重构算法从多角度图像序列中获得变电站稠密点云，并与处理过的激光点云数据进行融合重构，全方位获取变电站完整表面坐标信息，实现高精度的三维模型。依据电网物联网技术规范，构建变电站物联网系统，实现基于实景三维的输变电远程巡视、远程踏勘以及工程车仿真检修。基于室外北斗定位技术和室内 UWB 精确定位技术，打造变电站及输电线路厘米级精确定位系统，实现人员、车辆、机器人精确定位和安全管控。以实景三维模型、物联网技术、精确定位技术为基础，研究输变电主设备的仿真技术，逐步打造数字孪生系统。

借助三维视觉技术提升输变电工程管理的信息化和智能化，近年来在学术界得到了广泛的关注。为了实现变电站的巡检机器人自主导航，张书玮[64]在传统的霍夫直线检测的基础上，加入基于 HSV 彩色空间变换的车道线区域提取，有效减少了光照、阴影等环境变化对车道线检测的影响，提高了车道线检测的准确性与可靠性。宋志勇等[65]将计算机视觉技术应用在无人机的电力通道巡检、选线等应用中，他们提出了一种基于同步定位与建图（Simultaneous Localization and Mapping，SLAM）的无人机影像快速三维重建方法，通过视觉 SLAM 获取无人机序列影像的初始位姿信息，建立图像匹配优先度队列，有效减少无效的影像匹配，同时融合无人机 GPS 结果，实现快速的三维重建。实验表明，该文献所提方法在效率上得到了显著提升，并且精度满足 1∶1000 大比例尺测图要求。章梦娜[66]采用激光 SLAM 和视觉 SLAM 技术相结合的方式对巡检机器人进行定位导航。吴洪昊[67]在无人机电力巡检上使用计算机视觉技术。常志增等[68]在重合闸装置上使用计算机视觉技术，通过机器视觉和图像处理方式实现及时对重合闸远方投退功能和远程监控，从而达到实时性、可靠性、安全性的目的，进而推进变电站智能化发展，提升运维人员的工作效率。

关于三维视觉技术在电网的应用，下面将从输电线路监测、变电设备监测两个场景进行详细阐述。

1. 输电线路监测

通过综合运用三维视觉技术，可实现输电设备的实时安全监控。本节主要介绍输电廊道远程全景运维、自然灾害应急抢险路径规划辅助，以及无人机巡线辅助。

1）输电廊道远程全景运维

自然灾害数据综合分析。对接多源异构气象数据，完成输电廊道与雷电、台风、山火等不同种类、不同结构的气象数据综合展示，根据数据模型进行气象数据影响范围分析。根据分析结果，结合输电廊道线路信息，进行空间联合分析，对可能影响到的输电廊道进行告警。

电网实时数据可视化。不同比例尺下展示不同的电网实时数据信息。小比例尺下展示全局极值，重点监测，重点告警信息；大比例下展示单个设备的运行数据信息，展示视窗内全类别告警信息等。

三维校验与分析。接入在线监测装置的微气象信息，包括温度、风速等信息。结合输电线路导线参数信息以及高精度点云数据，实现导线对导线、导线对地、导线对地物距离校验功能。

设备参数智能调阅。建立高精度杆塔部件、绝缘子、金具模型库，实现输电线路杆塔、绝缘子、均压环、挂板等按部件级别的颗粒度精细化展示。同时将部件模型与设计参数建立映射关系，实现设计参数信息智能调阅。

2）自然灾害应急抢险路径规划辅助

将物资空间布局位置及信息与三维地图进行融合，直观展示物资分布情况。当发生冰灾、山火、台风等应急事件时，利用路网数据与三维路网最优路径分析技术，结合物资分布情况，自动生成物资到达事故地点的最佳路径，辅助指挥中心快速规划物资进场路径。

3）无人机巡线辅助

无人机巡检路径辅助规划结合大量无人机历史巡检路径，对无人机历史巡检路径进行分析，建立无人机巡检路径辅助规划数学模型。通过建立的数学模型在三维场景中自动生成规划路径，并可对路径进行调整以及模拟飞行。

2. 变电设备监测

基于数字孪生（三维）建模的变电设备管理，主要包括设备状态监测预警、远程实景勘测以及变电站安全管控三个典型应用场景。

1）设备状态监测预警

利用变电站三维模型场景，融合现场多种类监测终端收集的离散化数据，组建以三维场景为基础承载的电力物联网全息感知，实现设备运行状态沉浸、直观、精确的可视化效果，为设备状态分析提供辅助支持。主要实现以下多个方面的应用。

变电站电气主接线图与三维场景中的设备模型构成融合。当选择接线图中需要查看的某个设备后，自动追踪呈现目标设备的准确位置，直观体现站内设备的物理分布关系；以设备三维模型为中心融合电网多维数据，如遥信遥测、在线监测油色谱、设备台账信息、设备告警数据、历史数据等，承载设备多样化运行信息，提高设备状态的实时全息感知能力；建立设备三维模型与图纸、文件等的关联融合，便捷查询检索设备相关资料信息；通过接入设备实时带电数据，在三维场景中对设备模型做相应着色效果，直观呈现变电站内带电设备的分布情况；当出现告警后，基于设备状态信息的连接贯通，追溯设备历史告警情况，定位告警时刻的运行信息，同时联动现场实时监控视频，辅助分析设备异常原因，提升电网安全经济运行水平。接入辅助系统或依据网络通断判断视频监控设备状态，并在三维模型上进行展现，直观呈现故障视频监控设备分布情况。

2）远程实景勘测

基于三维场景开展检修作业的远程踏勘模拟，促进作业人员、机具、车辆等的一体化物联管理，深化变电站检修业务应用，进而提高电网设备运行管理水平，提升作业安全保障。主要实现以下几个方面的功能。

停电范围确认，即基于变电站三维场景，快速感知现场物理环境信息，明确作业范围及设备分布情况，判断作业风险点，明晰作业过程中的设备停电范围，为后续检修作业的实地开展提供现场参考；设备安全距离测量，即在三维场景中基于精确空间坐标信息，提供变电站内多种空间测量形式，包括手动测距、多点测量、对地测量、角度测量及面积测量；以需开展检修作业的设备为中心，在场景中划定安全区域，判断安全距离内是否存在作业风险点，保证作业过程的设备安全。

3）变电站安全管控

巡检人员无须到达现场，在三维场景中查看设备运行状态数据；使用实时视频和实景三维融合技术，实现在三维场景中进行变电站远程巡检。根据检修计划在三维模型上快捷设置作业区域、安全区域和带电运行区域，通过定位标签实时反馈位置信息，满足安全作业对人员、设备的管控需求。

第2章　关键点检测与描述

2.1　引　　言

近几年，随着低成本三维传感器的广泛出现以及计算设备的快速发展，表征物体几何形状信息的三维模型大量生成。对物体三维表面几何形态分析的需求日益增长，成为计算机视觉和计算机图形学领域一个非常活跃的研究课题，在点云配准、三维重建、物体识别、检索和跟踪等任务中有着广泛的应用。

由于噪声、孔洞、拓扑变换等一系列形状变换的存在，对物体表面几何信息的有效表示是一项十分具有挑战性的任务。常见的描述物体三维几何形态的方法是基于一系列的局部特征[2, 8]。通常，基于局部特征的物体三维表面描述由两个步骤组成，即关键点的检测和局部特征的描述。首先，定义点的显著性度量，据此筛选出三维模型上几何信息丰富的点，称为关键点；然后，使用三维局部特征描述子对每个关键点邻域的几何特征进行描述；最后，通过把所有的特征描述子按照一定的规则组合到一起，将物体的三维表面映射到特征空间。文献中已经提出了大量的基于局部特征的方法，包括关键点检测器（如 Mesh Saliency[8]、3D-Harris[9]和 Salient Points[69]）和局部特征描述子（如 Rotational Projection Statistics[70]、Point Signatures[71]和 Spin Image[72]）。然而，这些算法是为刚性物体的三维表面描述而设计的，它们对局部表面的形变很敏感[17]。

在过去的十年中，基于局部特征的三维表面描述已经从刚性模型延伸到非刚性模型。通过使用测地线距离代替欧几里得距离，一些经典的刚性关键点检测器和局部特征描述子被用于处理可形变的三维曲面，如网格曲面高斯差分（Mesh Difference of Gaussian，MeshDOG）关键点检测器和网格曲面方向梯度直方图（Mesh Histogram of Oriented Gradients，MeshHOG）局部特征描述子[8]。同时，文献[28]提出了基于共形因子（Conformal Factor）的方法。作为三维表面的本征属性，以上两种方法对表面的形变都具有鲁棒性。但是，它们无法处理拓扑或几何噪声，而这些噪声在实际应用中十分常见[17]。

近年来，扩散几何在计算机图形学和计算几何领域受到极大的欢迎。特别是在三维可形变模型分析领域，扩散几何已经成功地应用于模型配准、对称检测、模型分割和模型检索。扩散几何的基本思想是对拉普拉斯-贝尔特拉米算子进行特征分解，并使用其特征值和特征函数来描述三维模型全局与局部的几何结构。扩散几何的广泛应用归因于其以下几个特性：首先，它对于模型的等距变换保持不变，因此可用于三维可形变模型的表面分析；其次，在拉普拉斯-贝尔特拉米算子正确离散化的条件下，它可以应用于模型的多种表示形式（如网格和点云）；最后，它的计算比较高效。因此，本章基于扩散几何理论提出一个新的基于局部特征的三维可形变表面描述方法。

可重复性和独特性被认为是三维关键点检测器的两个最重要的属性，其中前者衡量在各种模型变换或者表面缺陷的情况下检测到同一组关键点的能力，后者衡量检测到几何信息丰富的关键点的能力。受同源一致性理论最新进展的启发（文献[22]将同源一致性分别成功地应用于函数的描述和三维模型的检索），本章将同源一致性理论应用于关键点检测，提出了基于同源一致性的热核签名关键点检测器。首先，使用扩散几何理论中的热核签名函数[11]来定义一个具有尺度参数的标量域。通过采用较小的尺度参数来保留三维表面上小的几何特征，这确保了关键点检测器的独特性。其次，计算标量函数的零维同源一致性，生成同源持久图。该持久图从标量域中提取了所有的局部极大值，并为每个局部极大值提供一个持久度的度量。从拓扑一致性的角度来看，点的持久度即为显著性。最后，具有高持久度的点被选为关键点，而具有低持久度的点被认为是拓扑噪声，被移除。同源持久图的稳定性确保了 pHKS 关键点检测器的可重复性。

稳健性和鉴别力被认为是三维局部特征描述子的两个重要属性。一个具有高稳健性的特征描述子对物体三维表面的扰动保持鲁棒，而具有高鉴别力的特征描述子能够提供足够的信息来区分不同的曲面。基于扩散几何理论，本章提出了热传播带特征描述子（Heat Propagation Strips，HeaPS）。首先，定义热扩散区域（Diffusion Area）为关键点描述的支撑区域。与基于测地线距离的支撑区域相比，热扩散区域反映了三维表面的本征属性，其尺度与曲面的曲率相关，并且具有更强的鲁棒性。其次，通过跟踪热量在流形上的传播过程，编码包含在热核签名函数时间域和空间域中的信息，生成热传播带特征描述子。如文献[11]所示，热核签名函数能够充分地描述等距变换下的三维表面。因此，HeaPS 特征描述子具有很高的鉴别力。

本章首先介绍理论基础——扩散几何，然后详细介绍 pHKS 关键点检测器以及 HeaPS 特征描述子的生成过程，最后在四个数据集上验证了算法的有效性。

2.2　扩　散　几　何

本节介绍所提出的关键点检测器和特征描述子的基础。首先，将一个三维几何模型抽象描述为具有微分算子的黎曼流形。然后，详细介绍了扩散几何理论。最后，介绍了其离散化的表示。

2.2.1 黎曼流形

给定一个由其边界曲面表示的三维几何模型 S，将 S 抽象描述为平滑的二维黎曼流形 M。M 局部同胚于 $\mathbb{R}^2$，该映射定义为 $\Psi_\alpha: O_\alpha \to R_\alpha$，其中 O_α 和 R_α 分别为 M 和 $\mathbb{R}^2$ 的子集。因此，任何点 p 和它的局部邻域 n_p 都可以被近似地看作在欧几里得空间中，图 (O_α, R_α) 为其提供坐标 (x_1, x_2)。

令 $T_M(p)$ 表示定义在 M 上的切空间，包含所有切 M 上的曲线与 p 点的向量。M 具有一个对称的、非退化的$(0,2)$型张量 $g_M: T_M(p) \times T_M(p) \to \mathbb{R}$，称为黎曼度量。$g_M$ 为切空间 $T_M(p)$ 提供了标准内积。由于 g_M 是正定的，因此在切空间 $T_M(p)$ 中存在正交基向量，如坐标系 (O_α, R_α) 中的坐标基矢 $\{e_1, e_2\}$。

给定一个平滑的标量域 $f: M \to \mathbb{R}$，黎曼流形 M 上的梯度定义如下：

$$\mathrm{grad}(f)|_p := \nabla_M f|_p = \left(\frac{\partial f(x_1, x_2)}{\partial x_1} e_1 + \frac{\partial f(x_1, x_2)}{\partial x_2} e_2 \right)\bigg|_p \qquad (2\text{-}1)$$

梯度算子 $\mathrm{grad}(f)|_p$ 计算在给定点 p 处，标量函数 f 变化最大的方向 v_p，满足约束条件 $v_p \in T_M(p)$。

令 $g: M \to T_M$ 表示一个光滑的矢量场。黎曼流形 M 上的散度定义如下：

$$\mathrm{div}(g)|_p := \left(\frac{\partial g(x_1, x_2)}{\partial x_1} e_1 + \frac{\partial g(x_1, x_2)}{\partial x_2} e_2 \right)\bigg|_p \qquad (2\text{-}2)$$

拉普拉斯-贝尔特拉米算子是欧几里得空间中拉普拉斯算子到流形的泛化，其定义如下：

$$\begin{aligned}
\Delta_M(f)|_p &:= \mathrm{div}(\mathrm{grad}(f))|_p \\
&= \nabla_M \cdot \nabla_M f|_p \\
&= \left(\frac{\partial^2 f(x_1, x_2)}{\partial^2 x_1} e_1 + \frac{\partial^2 f(x_1, x_2)}{\partial^2 x_2} e_2 \right)\bigg|_p
\end{aligned} \qquad (2\text{-}3)$$

Δ_M 通过 f 描述了点 p 和它局部邻域 n_p 的差异。对 Δ_M 进行特征分解，可得离散、非负的特征值 $\{\lambda_i, i \geq 0 \mid \lambda_i \leq \lambda_{i+1}\}$ 和相应的特征函数 $\{\Phi_i, i \geq 0\}$，具体如下：

$$\Delta_M \Phi_i = \lambda_i \Phi_i \qquad (2\text{-}4)$$

令 $L_M^2 := \left\{ f: M \to \mathbb{R} \mid \int_M f^2 \mathrm{d}\mu < \infty \right\}$ 表示 M 上平方可积的函数空间，其内积表示为 $\langle f, g \rangle_{L_M^2} := \int_M f \cdot g \mathrm{d}\mu$。其中，$\mathrm{d}\mu = \mathrm{d}x_1 \mathrm{d}x_2$ 为由黎曼度量 g_M 得出的面积元。拉普拉斯-贝尔特拉米算子的特征函数 $\{\Phi_i, i \geq 0\}$ 为函数空间 L_M^2 提供了一组标准的

正交基函数，任意函数 $f \in L_M^2$ 都可以表示为类傅里叶序列，即 $f = \sum\limits_{i \geqslant 1} \langle f, \Phi_i \rangle_{L_M^2} \Phi_i$。

拉普拉斯-贝尔特拉米算子将傅里叶分析推广到流形，其特征基称为流形的调和基，基于特征基的量称为流形的光谱量，基于特征基的分析称为流形的谱分析。

黎曼度量的定义使流形上几何结构的定义变为可能，如梯度、角度和曲线长度。由黎曼度量导出的量称为曲面的本征属性，这是因为黎曼度量与流形和三维几何模型之间的映射方式无关。由于等距变换是模型之间基于测地线距离保持不变的映射[23]，因此，在模型的等距变换下，流形上基于黎曼度量的结构被保留，光谱量在模型的等距变换下保持不变。

2.2.2　扩散几何

扩散几何源于流形上的热扩散过程，可以用于定义描述物体三维表面本征属性的函数[23]。给定 M 上的热初始分布，热量开始传播。M 上热传播过程由热方程描述如下：

$$\left(\Delta_M + \frac{\partial}{\partial t} \right) u(p,t) = 0 \tag{2-5}$$

函数 $u(p,t): M \times \mathbb{R}^+ \to \mathbb{R}^+$ 表示 t 时刻 M 上的热量分布。将热算子 $H_t = \mathrm{e}^{-t\Delta_M}$ 作用于初始热量分布函数，可得式（2-5）的解，如下：

$$u(p,t) = H_t u(p,0) = \int_M k_t(p,q) \cdot u(q,0) \mathrm{d}\mu(q) \tag{2-6}$$

函数 $k_t(p,q): \mathbb{R}^+ \times M \times M \to \mathbb{R}^+$ 表示 t 时刻之后由 p 点扩散到 q 点的热量。令 $u(p,0)$ 表示狄拉克函数 $\delta_p(q)$，满足对于任意 $q \neq p$，$\delta_p(q) = 0$，$\int_M \delta_p(q) \mathrm{d}q = 1$，则式（2-5）的基础解称为热核函数 $h_t(p,q)$。热核函数描述了在单位热源最初位于点 p 的情况下，点 p 和 q 之间传播的热量。根据式（2-4），热核函数可以写成其谱形式，如下：

$$h_t(p,q) = \int_{i \geqslant 1} \mathrm{e}^{-\lambda_i} \Phi_i(p) \Phi_i(q) \mathrm{d}i \tag{2-7}$$

热核函数具有很多属性，适用于三维目标的分析。首先，根据等式 $\lim\limits_{t \to 0} t \cdot \ln h_t$ $(p,q) = -\frac{1}{4} d_g^2(p,q)$ 可知（运算符 $d_g(\cdot,\cdot)$ 计算两点之间的测地线距离），热核函数能够有效地描述存在等距变换的三维几何模型。其次，作为光谱量，热核函数在模型的刚性和非刚性变换下保持不变。然后，热核函数对三维表面的局部扰动保持鲁棒。给定存在噪声的平面的拉普拉斯-贝尔特拉米算子 $\Delta_M = \Delta_M \cdot (A(p) \cdot \nabla_M)$（其中，矩阵 $A(p) \in \mathbb{R}^{2 \times 2}$ 描述了平面上 p 点的扰动），根据式（2-3）可得，$\Delta_M = \sum\limits_{i,j=1}^{2} \frac{\partial}{\partial x_i} \left(\frac{\partial}{\partial x_j} A(p)_{(i,j)} \right)$，

这保证了热核函数的收敛性。最后，热核函数通过参数 t 的控制，能够多尺度地描述三维表面。具体来说，当 t 的值较小时，热核函数 $h_t(p,q)$ 编码尺度较小的 p 邻域的几何信息；当热量扩散的范围增加时，p 邻域的尺度变大。

2.2.3　离散化的扩散几何

给定 M 的离散化表示 S。S 为一个网格曲面，包含 N_V 个顶点，N_E 条边，以及 N_f 个面元。每个顶点 v_i 都和欧氏空间中的一个点相关联，即 $v_i \in \mathbb{R}^3$。M 可以被抽象描述为一个连接图 $G=(V,E)$，其中，点集 $V=\{v_i, i=1,2,\cdots,N_V\}$ 表示 M 上的采样点，$E=\{(v_i,v_j)\,|\,v_i \in V, v_j \in V, i \neq j\}$ 表示邻接顶点之间的关系。采用基于余切权重的方法[73, 74]，计算拉普拉斯-贝尔特拉米算子的离散化，计算其前 300 个特征值和特征函数。

2.3　pHKS 关键点检测器

一个好的关键点检测器需要具有可重复性和独特性。如图 2-1 所示为本节提出的三维关键点检测器，即基于同源一致性的热核签名（Persistence-based Heat Kernel Signature，pHKS）检测器。

pHKS 关键点检测器的生成由三个步骤组成：首先，对于输入的三维几何模型（图 2-1（a）），使用热核签名函数定义其标量域（图 2-1（b））；然后，计算标量函数的零维同源一致性，生成同源持久图（图 2-1（c）），函数的局部极大值及其持久性度量被提取出来；最后，筛选具有较大持久度的局部极大值点为关键点（图 2-1（d））。

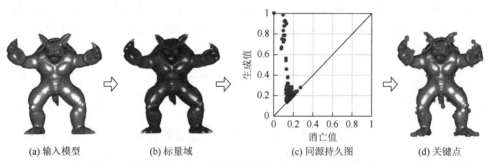

(a) 输入模型　　　　(b) 标量域　　　　(c) 同源持久图　　　　(d) 关键点

图 2-1　pHKS 关键点检测器生成过程示意图

2.3.1　标量域的定义

pHKS 关键点检测器与模型描述理论相关，需要定义一个标量域对数据进行描述。标量函数的选择决定了分析的三维表面的属性，其精度直接影响后续处理步骤的性能。pHKS 采用 HKS 函数[11]为标量函数，其定义如下：

$$
\begin{aligned}
\mathrm{HKS}(p,t) &= h_t(p,p) \\
&= \sum_{i \geqslant 1} \mathrm{e}^{-\lambda_i t} \Phi_i^2(p)
\end{aligned}
\tag{2-8}
$$

为了使标量函数具备尺度不变的特性，将所有的特征值 $\{\lambda_i, i \geqslant 1\}$ 除以 λ_1[13]。

如文献[11]所示，热核签名函数继承了热核函数的几乎所有的特性，可用于三维可形变曲面的描述，如包含丰富的几何信息，对外在和内在表面变化保持鲁棒，以及多尺度地描述三维曲面。特别地，热核签名函数与物体三维表面的曲率密切相关，即

$$
\lim_{t \to 0} \mathrm{HKS}(p,t) = (4\pi t)^{-\frac{d}{2}} \sum_{i=0}^{\infty} a_i t^i
\tag{2-9}
$$

其中，$a_0 = 1$；$a_1 = \dfrac{1}{6} s(p)$；$s(p)$ 用来计算 p 点的高斯曲率。因此，热核签名函数的极大值通常位于三维表面突起的尖端，包含丰富的几何信息，可以筛选为关键点[25]。

另外，因为用于局部特征描述的热核签名函数具有多尺度的属性，标量域的生成伴随有尺度参数 t。如文献[54]所示，随着尺度的变化，标量域上存在局部极大值的演变。如式（2-8）所示，随着 t 值的增加，与较大特征值对应的特征函数对 $\mathrm{HKS}(p,t)$ 的贡献变小，$\mathrm{HKS}(p,t)$ 的值呈指数衰减。因此，一些局部的极大值将会消失，因为它们被高频的几何细节所控制。这可能会导致检测到的关键点数量有限，并且忽略了一些包含独特几何信息的点，限制了它们进一步地应用到三维几何模型的分析[25]。

如图 2-2 所示为猫的三维几何模型在三个不同的时间尺度下生成的标量域以及提取的局部极大值。其中，猫的三维几何模型来自 TOSCA 数据集[27]。随着模型上的颜色由蓝色变到绿色然后到红色（图中由灰度来表示），热核签名函数的值逐渐增加。从图 2-2 可以明显看出，随着尺度参数 t 的增加，标量域上局部极值点的数量显著地减少。

因此，为了尽可能多地提取包含丰富几何信息的点，使用较小的时间值 $t_{\min}$ 来定义标量域，其值设置为 $0.4\ln(10)/\lambda_{300}$。如文献[11]所示，当 $t \leqslant t_{\min}$ 时，需要超过 300 个特征值和特征函数来计算热核签名函数。如图 2-1（b）所示为 Armadillo 模型上生成的标量域示意图。

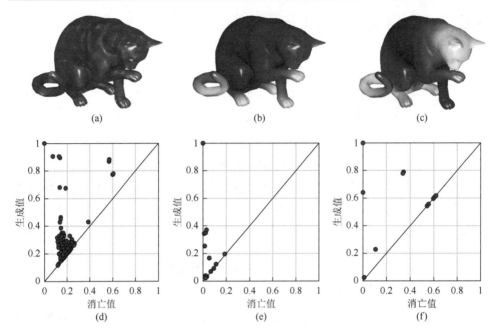

图2-2　猫模型在三个时间尺度 t 下定义的标量域（（a）～（c））及其相应的局部极大值（（d）～（f））

(a)、(d) $t = 0.001$；(b)、(e) $t = 0.1$；(c)、(f) $t = 10$

2.3.2　同源一致性的计算

　　关键点是具有较高独特性的点，并可以被重复地检测。同源一致性的计算与点的邻域进行比较，空间域的尺度是自适应的，并且对标量函数的扰动保持鲁棒。因此，pHKS 关键点检测器采用持久度作为点的显著性度量。

　　同源一致性的基本思想是描述定义在流形上的函数的拓扑特征。令 $f : V \to \mathbb{R}$ 表示定义在 G 上的标量函数，如果对于所有的邻接节点 $v_j((v_i, v_j) \in E)$，节点 $v_i \in V$ 满足 $f(v_i) \geqslant f(v_j)$，则称其为局部极大值点。随着 α 从 $+\infty$ 减小到 $-\infty$，零维的同源一致性编码了子水平集 $F^\alpha = f^{-1}([\alpha, +\infty])$ 的拓扑变换。令 $C(f(v), \alpha)$ 表示一个连通子图，其中 $f(v)$ 为最大值，$\alpha \leqslant f(v)$，$C(f(v), \alpha) \in F^\alpha \subseteq G$，则称子图 $C(f(v), \alpha)$ 生成于 $f(v)$。随着 α 的减小，使 $f(v)$ 保持为子图中全局最大值的 α 的最小值，称为连通子图 $C(f(v), \alpha)$ 的消亡值。若 α 的值继续变小，$C(f(v), \alpha)$ 将合并到相邻子图中。

　　因此，一个连通域的生命周期可由其生成值 $f(v)$ 和消亡值 $f(u)$ 决定。据此，可以将每一个连通域映射到欧氏空间中，为点 $(f(v), f(u))$。通过将所有的点组合在一起，得到同源持久图，其中所有的点位于对角线上方。定义连通域的持久性为其生命周期，即 $\tau := f(v) - f(u)$，是其在同源持久图中对应的点到对角线的垂直距离。由于每个连通域都有唯一的最大值，因此，同源持久图描述了极大值持久性的度量。

　　图 2-3 为零维同源一致性的计算示意图。对于一个包含三个局部极大值（p、q 和 s）的高度函数，同源一致性的计算将 p、q 和 s 映射到同源一致图中的点 p'、q' 和 s'，并得到其持久度，即点到直线 $y = x$ 的垂直距离。

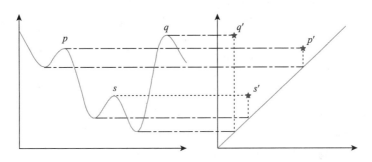

图 2-3　零维同源一致性的计算示意图

2.3.3　关键点的提取

　　给定定义在 M 上的标量函数，即热核签名函数。零维同源一致性的计算提取标量域上所有的局部极大值点，如图 2-1（c）所示。具有较大持久度 τ 的点被挑选为关键点；而具有较小持久度的点被认为是拓扑噪声，将其排除。如图 2-1（d）所示为 Armadillo 模型上检测到的关键点。

2.4　HeaPS 特征描述子

　　一个好的特征描述子需要具有紧凑性、鉴别力以及对物体三维表面形变保持稳健的特性。本节基于扩散几何理论，提出了一个新的特征描述子，称为热传播带特征描述子。首先，提出了一种反映物体本征属性的支撑区域提取方法，即热扩散区域，与基于测地线距离的方法相比，热扩散区域具有更高的鲁棒性，并且为局部特征描述提供了尺度自适应的支撑区域。然后，通过在流形上的热扩散过程中对三维表面的几何信息进行编码来生成 HeaPS 特征描述子。

2.4.1　支撑区域

　　为了开发关键点的特征描述子，第一步通常是在模型上关键点的周围提取局部曲面，即支撑区域。支撑区域需要对物体三维表面的变换（如刚性变换和非刚性变换）和各种数据扰动（如噪声、孔洞和拓扑变换等）保持鲁棒性[14]。传统意义上，局部表面的尺度使用欧几里得距离来度量，但由于存在局部表面变形，欧几里得距离不适用于可变形表面的分析，因而作为反映物体三维表面本征特性的测地线距离被采用[8]。但是，由于三维表面拓扑结构的不一致在现实应用中非常常见，而测地线距离对拓扑的变化非常敏感，限制了其广泛的应用[23]。

为了解决以上问题，本节将支撑区域定义为热扩散区域，该扩散区域源自热核函数描述的流形上的热传播过程。给定一个关键点 p，支撑区域定义为

$$N_t(p) := \left\{ q \in M \left| \int h_t(p,q)\mathrm{d}\mu(q) \geq \tau \cdot \int_M h_t(p,q)\mathrm{d}\mu(q) \right. \right\} \qquad (2\text{-}10)$$

直观上来说，$N_t(p)$ 是 p 周围有特定热量分布的局部曲面。支撑区域的尺度称为扩散半径（Diffusion Radius），由扩散周期（Diffusion Period）t 和 τ 决定。

支撑区域 $N_t(p)$ 可以由位于 M 上的热传播轮廓（Heat Propagation Contour）来界定，称为外部轮廓（External Contour）。其定义如下：

$$C_t^0 := \{ q \in N_t(p) \mid h_t(p,q) = \min(h_t(p, N_t(p))) \} \qquad (2\text{-}11)$$

其中，运算符 $\min(\cdot)$ 计算支撑区域 $N_t(p)$ 上热核函数 $h_t(p,\cdot)$ 的最小值。

在算法的执行中，τ 始终设置为 1。因此，$C_t^0(p)$ 描述了热量在 t 时刻后扩散的最大范围，热核函数可以通过 $N_t(p)$ 上的热量分布近似。值得注意的是，如文献[11]所示，当 t 的值较大时（例如，$t=1$），热量的分布由三维模型的全局结构所决定。因此，为了提取局部曲面用于关键点的描述，采用较小 t 计算支撑区域（如 $t \leq t_{\max}$，$t_{\max} = 0.1$）。

热扩散区域具有许多好的特性使其可以作为关键点描述的支撑区域。首先，热扩散区域具有尺度自适应性。如式（2-9）所示，热量在曲率较高的曲面上比曲率较小的曲面扩散速率慢。因此，不同关键点支撑区域的尺度是不同的，由其本征的几何信息所决定。其次，作为热核函数的衍生函数，热扩散区域在三维几何模型的刚性和非刚性变换下保持不变。最后，与基于测地线距离的支撑区域相比，热扩散区域在三维表面的扰动下（特别是拓扑噪声）更加稳健。

如图 2-4 所示为三维几何模型上关键点（后腿部）的支撑区域。其中，狗的三维几何模型来自 SHREC 2010 特征检测和描述数据集（SHREC 2010 Feature Detection and Description Dataset）[14]，图（a）和（c）为源模型，图（b）和（d）为添加了拓扑噪声的源模型，图（a）和（b）、图（c）和（d）之间存在非刚性变换。从图 2-4 可以看出，基于测地线距离的支撑区域（图（c）和（d））对模型的非刚性变换保持鲁棒性，却容易受拓扑噪声的影响；而热扩散区域（图（a）和（b））具有更好的鲁棒性。

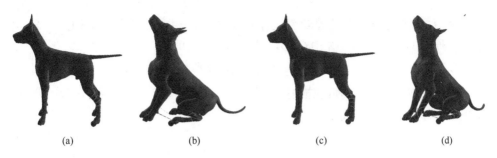

图 2-4　三维几何模型上关键点（后腿部）的支撑区域示意图

（a）源模型上基于热扩散区域的支撑区域；（b）形变模型上基于热扩散区域的支撑区域；（c）源模型上基于
测地线距离的支撑区域；（d）形变模型上基于测地线距离的支撑区域

2.4.2　HeaPS 特征描述子的生成

本节通过探究流形上的热扩散过程来生成 HeaPS 特征描述子。流形上的热扩散过程是由热核函数描述的，由于其具有高鉴别力、鲁棒性以及多尺度的特性，热核函数适合作为点的特征描述子。但是，它具有以下限制：首先，热核函数定义在空间域和时间域上，特征描述符的位数取决于在两个定义域中的采样，对于不同的三维表面可能不同；其次，很难直接比较两个点的特征描述符，因为这涉及两点邻域之间的映射；最后，从热核函数到热核签名函数的转换，损失了特征点邻域的空间信息[15]。为了解决以上问题，本节提出了 HeaPS 特征描述子，对热核函数空间域和时域中的信息进行有效的编码。如图 2-5 所示为 HeaPS 特征描述子的生成过程。

给定一个关键点 p，一个局部曲面 $N_t(p)$ 从模型 M 上提取出来，作为局部特征描述的支撑区域。图 2-5（a）展示了三维 Armadillo 模型上的一个关键点，图 2-5（b）展示了在三个不同扩散周期下所计算的支撑区域，由外部轮廓界定。

首先，计算支撑区域 $N_t(p)$ 上热核函数 $h_t(p, \cdot)$ 的水平集，即为热传播轮廓 $\{C_t^i(p), i = 1, 2, \cdots, S_0\}$。其中，$S_0$ 表示在 $N_t(p)$ 上计算的热传播轮廓的总数。这些热传播轮廓称为内部轮廓，定义如下：

$$C_t^i(p) := \{q \in N_t(p) = V_i^t(p)\} \tag{2-12}$$

热传播轮廓上的点具有相同的热量值，计算如下：

$$V_t^i(p) := i \cdot \frac{\max(h_t(p, N_t(p))) - \min(h_t(p, N_t(p)))}{S_0 + 1} \tag{2-13}$$

通过添加外部轮廓 $C_t^0(p)$，热传播轮廓的集合 $\{C_t^i(p), i = 1, 2, \cdots, S_0\}$ 捕获了点 p 周围独特的几何信息，并提供了一种多尺度地描述其相邻曲面的方法。

然后，根据每一个热传播轮廓 $C_t^i(p)$，可以得出相应的热传播带 $S_t^i(p)$。$S_t^i(p)$是点 p 周围的局部曲面，并由 $C_t^i(p)$ 界定。其定义如下：

$$S_t^i(p) := \{q \in N_t(p) \mid h_t(p,q) \geqslant V_t^i(p)\} \qquad (2\text{-}14)$$

为了形成一个紧凑的特征描述符，通过计算热传播带上热核签名函数的分布，获得一个一维的直方图 h_l。

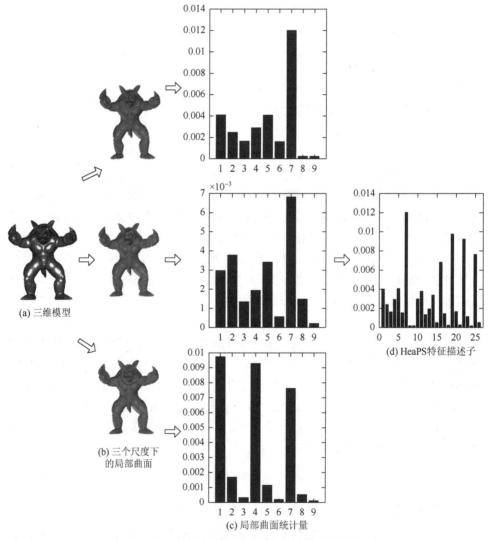

(a) 三维模型

(b) 三个尺度下的局部曲面

(c) 局部曲面统计量

(d) HeaPS特征描述子

图 2-5　HeaPS 特征描述子的生成过程示意图

对于每一个热传播带 S_t^i，根据热核签名函数的值将局部表面划分成 B_0 个子空间 $\{s_j, j = 1, 2, \cdots, B_0\}$。间隔长度计算如下：

$$I = \frac{\max(\text{HKS}(S_t^i)) - \min(\text{HKS}(S_t^i))}{B_0} \tag{2-15}$$

其中，$\max(\cdot)$ 和 $\min(\cdot)$ 分别计算 S_t^i 上热核签名函数的最大值和最小值。

直方图 h_I 计算如下：

$$h_I(e) = \sum_{q \in S_t^i} \frac{\delta_{h_s}(q) \cdot A(q)}{\sum\limits_{q \in S_t^i} A(q)} \tag{2-16}$$

其中，$e = \{1, 2, \cdots, B_0\}$ 表示直方图的索引；$A(q)$ 计算 q 点所对应的三维表面的面积 $\left(A(q) = \sum\limits_{f \in N_1^F(q)} A(f)/3 \right)$，其中 $N_1^F(q)$ 表示与点 q 直接相连的面）。直方图索引的指示函数 $\delta_{h_I(e)}(q)$，定义如下：

$$\delta_{h_I(e)}(q) := \begin{cases} 1, & (e-1) \cdot I \leqslant \text{HKS}(q) - \min(\text{HKS}(S_t^i)) \leqslant e \cdot I \\ 0, & \text{其他} \end{cases} \tag{2-17}$$

为了使其对网格的采样不变，使用标准的 L2 范数对直方图 h_I 进行归一化，得到 h_I'。为了增强 h_I' 的鉴别力，对直方图做进一步的加权处理，如下所示：

$$h_I^{w'} = \text{average}(\text{HKS}(s_j)) \cdot h_I(e)' \tag{2-18}$$

其中，$\text{average}(\cdot)$ 计算 s_j 上热核签名函数的平均值。值得注意的是，为了增强描述符的鲁棒性，使用较大的时间值 t 计算热核签名函数，如 $t = 1$。在这个时刻值下，热核签名函数对三维表面的各种扰动保持稳定[11]。

通过将直方图 $h_I^{w'}$ 组合到一起，热传播带形成了一个二维的直方图 $h_{I,S}$（见图 2-5（c）），$h_{I,S}$ 将扩散周期 t 内包含在热核函数中的几何信息进行有效的编码。

最后，为了更精确地描述点 p 周围的几何信息，通过在时间间隔 $[t_{\min}, t_{\max}]$ 中采样多个时间点来生成一个点 p 邻域的集合，即 $\{N_{t_i}, i = 1, 2, \cdots, T_0\}$。点 p 的局部描述子定义为一个三维的直方图（见图 2-5（d）），如下：

$$h_{I,S,T(e,m,n)}(q) = \delta_{h_I(e)}(q)\delta_{h_S(m)}(q)\delta_{h_T(n)}(q) \tag{2-19}$$

其中，$e = \{1, 2, \cdots, B_0\}$、$m = \{1, 2, \cdots, S_0\}$ 和 $n = \{1, 2, \cdots, T_0\}$ 分别表示热核签名函数值的间隔、热传播带以及时间的索引。

2.5　实　验　分　析

本节进行了一系列的实验来验证提出的 pHKS 关键点检测器和 HeaPS 特征描述子的有效性。首先，在 Interest Points 数据集[9]上测试 pHKS 关键点检测器，评估 pHKS 与人类感知的相关性。在 PHOTOMESH 数据集[8]上，测试 pHKS 关键点检测器在各种模型变换下的可重复性。在 TOSCA 数据集[27]上，测试 HeaPS 特征描述子，评估 HeaPS 特征描述子的鉴别力。在 SHREC 2010 Feature Detection and Description 数据集[14]上，测试在三维表面存在各种形变的情况下，pHKS 关键点检测器的可重复性和 HeaPS 特征描述子的稳健性。在 SHREC 14 Human 数据集[17]上，测试算法在三维非刚性模型检索任务的性能。

2.5.1　Interest Points 数据集上的性能

本节在 Interest Points 数据集上，评估 pHKS 检测器提取的关键点与人类感知的相关性。

1. 数据集说明

Interest Points 数据集由两个子数据集（数据集 A 和 B）组成。如文献[9]所示，现有算法的性能在这两个数据集上是一致的。因此，实验中只采用了数据集 B，因为数据集 B 比数据集 A 更大。数据集 B 中包含 16 个人工标记的 43 个模型。关键点的真实值从人工标记点中构建，考虑以下两个因素：支撑区域的半径 σ 和标记点的个数 n。

2. 参数说明

使用拉普拉斯-贝尔特拉米算子的前 300 个特征值和特征函数计算热核签名函数，时间参数设置为 $0.4\ln(10)/\lambda_{300}$。使用集合搜索算法（Union-Find Algorithm）计算同源一致性，关键点筛选的阈值设为 $\tau = 0.01$。将 pHKS 关键点检测器与 Mesh Saliency、Salient Points[69]、3D-Harris[9]、SD-corners 和 HKS[11]进行对比。遵循文献[17]的实验设计方法，在四种不同的参数设置下对算法的性能进行评估：① $\sigma = 0.03$、$n = 2$；② $\sigma = 0.03$、$n = 11$；③ $\sigma = 0.05$、$n = 2$；④ $\sigma = 0.05$、$n = 11$。

3. 评价标准

采用三种指标对算法性能进行评估，包括错误拒绝率（FNE）、错误接受率（FPE）和加权漏检率（WME）。令 $G_M(n,\sigma)$ 表示模型 M 上关键点的真实值，D_M 表示关键点检测算法提取到的关键点。对于一个人工标记的关键点 $p \in G_M(n,\sigma)$，如果存在一个检测到的点 $v \in D_M$，位于以 p 为球心的测地线球体 $N_r(v)$ 内（r 为测地线球体的半径，称为容错率），则称点 p 被成功地检测到。给定模型上人工标记的关键点数量 N_{GT}、算法检测到的关键点数目 N_D 和正确检测到的关键点的数目 N_C，关键点检测算法的性能指标 FNE、FPE 和 WME 定义如下：

$$FNE(r) = 1 - \frac{N_C}{N_{GT}} \qquad (2\text{-}20)$$

$$FPE(r) = \frac{N_D - N_C}{N_D} \qquad (2\text{-}21)$$

$$WME(r) = 1 - \sum_{i=1}^{N_{GT}} n_i \delta_i \bigg/ \sum_{i=1}^{N_{GT}} n_i \qquad (2\text{-}22)$$

其中，如果人工标记的关键点被检测到，δ_i 的值为 1，否则为 0；n_i 定义为关键点 v_i 的权重，其值等于为其标记的人的数量。

4. 实验结果及讨论

如图 2-6 所示为六种关键点检测算法在 Interest Points 数据集的 Armadillo 模型上检测到的关键点示意图，包括：（a）真实值；（b）SD-corners；（c）Mesh Saliency；（d）Salient Points；（e）3D-Harris；（f）HKS；（g）pHKS。从图 2-6 可以看出，基于同源一致性的热核签名关键点检测器（pHKS）与人工标记的关键点最为接近。

实验对比结果如图 2-7 所示。从图 2-7 可以看到，关键点检测器 Mesh Saliency、Salient Points、3D-Harris、SD-corners 和 HKS 在较高错误接受率的情况下，

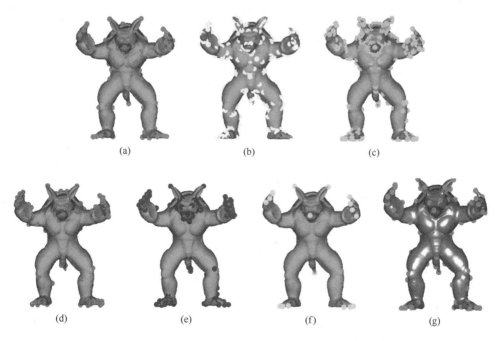

图 2-6　六种关键点检测算法在 Armadillo 模型上检测到的关键点示意图

（a）真实值；（b）SD-corners；（c）Mesh Saliency；（d）Salient Points；（e）3D-Harris；（f）HKS；（g）pHKS

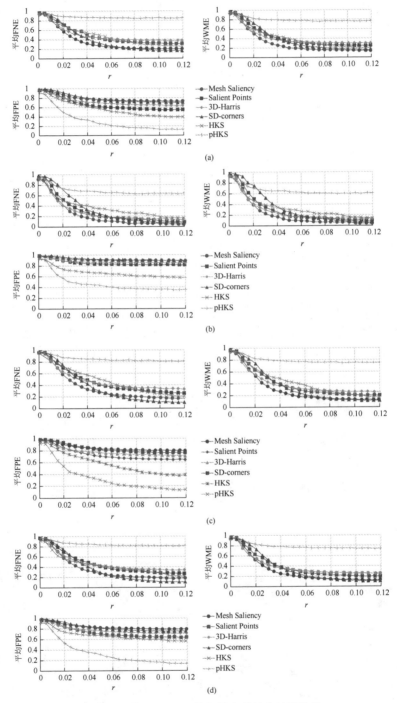

图 2-7　Interest Points 数据集上关键点检测结果

（a）$\sigma = 0.03$，$n = 2$；（b）$\sigma = 0.03$，$n = 11$；（c）$\sigma = 0.05$，$n = 2$；（d）$\sigma = 0.05$，$n = 11$

能够取得较低的错误拒绝率和加权漏检率。特别地，当 $\sigma = 0.03$，$n = 11$ 时（图 2-7（b）），这些关键点检测算法能够检测到几乎 80% 人工标记的关键点，同时，检测到的 90% 的点是错误的。相比之下，HKS 关键点检测器的平均错误拒绝率和加权漏检率非常高，这意味着大部分人工标记的关键点不能够被 HKS 关键点检测器检测到；另外，HKS 在错误接受率方面表现最佳，即 HKS 检测到的点都为人工标记的关键点。例如，在 $\sigma = 0.05$，$n = 2$ 的情况下（图 2-7（c）），HKS 关键点检测器的错误拒绝率和加权漏检率约为 0.8，而平均错误接受率低至 0.2。这是因为 HKS 关键点检测器倾向于挑选三维表面的凸起，而这些点往往能够引起人类的注意。

　　总体来看，与 Mesh Saliency、Salient Points、3D-Harris、SD-corners 和 HKS 算法相比，pHKS 关键点检测器取得了更好的性能，在错误接受率、错误拒绝率和加权漏检率之间取得了较好的平衡。随着容错率 r 的增加，pHKS 关键点检测器可以检测到大约 80% 人工标记的关键点，同时与其他算法相比，错误接受率较低。这也印证了文献[9]提到的事实，即人类通常标记三维几何形状末端的点。虽然 pHKS 关键点检测器检测到的点通常具有很高的显著性，但检测到的点的数量却非常有限。这是因为 pHKS 关键点检测器在较大的时刻挑选关键点，一些较小的几何特征被忽略掉。pHKS 关键点检测器能够检测到更多的点，因为 pHKS 选择与其邻域具有强烈对比度的点作为关键点，并且使用拓扑分析自适应地确定邻域的尺度。

2.5.2　PHOTOMESH 数据集上的性能

　　本节在 PHOTOMESH 数据集上测试了 pHKS 关键点检测器的可重复性，并与当前最好的算法——MeshDOG（Mesh Difference of Gaussian）进行了对比。

1. 数据集说明

　　PHOTOMESH 数据集由三个基本的三维几何模型（称为空模型）及其形变模型组成。变换分为两类：光学变换（噪声和散粒噪声）和几何变换（噪声、散粒噪声、旋转、尺度变换、局部尺度变换、重采样、孔洞、微孔、拓扑变换和等距变换）。每种变换具有五个级别的强度，为每个空模型生成 65 个形变模型，数据集中一共包含 135 个三维几何模型。

　　如图 2-8 所示为 PHOTOMESH 数据集中包含的所有的模型的几何变换。值得注意的是，由于本章提出的算法用于处理三维几何信息，因此本节实验中没有考虑具有光学变换的模型。

2. 评价标准

　　通过对比形变模型上检测到的关键点 M_{T_i} 和空模型上检测到的关键点 M_N 计

算可重复性，对三维关键点检测器的性能进行评估。对于模型 M 上的点 v，其基于测地线距离的尺度为 r 的局部邻域 $N_r(v)$ 定义如下：

$$N_r(v) = \{p \in M \mid \mathrm{gd}(v, p) \leqslant r\} \tag{2-23}$$

其中，$\mathrm{gd}(v, p)$ 表示点 v 和 p 之间的测地线距离。

假设空模型和形变模型之间基于点匹配的真实值 $M_N = \mathrm{GT}(M_{T_i})$ 已知。形变模型 M_{T_i} 上的点 v 被成功检测到，当且仅当点 v 在相应空模型上的点 $\mathrm{GT}(v)$ 位于测地线球体 $N_r(v')$ 内，其中点 v' 是空模型 M_N 上检测到的点。关键点检测器的重复性定义为形变模型上成功检测到的点的比例。

图 2-8　PHOTOMESH 数据集包含的模型的几何变换的示意图

（a）噪声；（b）散粒噪声；（c）孔洞；（d）微孔；（e）等距变换；（f）局部尺度变换；（g）旋转；
（h）重采样；（i）尺度变换；（j）拓扑变换

3. 实验结果及讨论

遵循文献[8]的做法，定义 r 为 1% 的模型基于测地线距离的直径，使用拉普拉斯-贝尔特拉米算子的前 100 个特征值和特征函数计算热核签名函数，时间参数 t 的值设为 0.1。

模型上五个具有最高显著性的点被 pHKS 关键点检测算法选为关键点，分别位于手、脚和头部。将 pHKS 关键点检测器与 MeshDOG 算法进行对比，文献[8]

中最好的结果被报道，其中 MeshDOG 算法处理三类标量函数，包括色彩强度（Color Intensity）、平均曲率（Mean Curvature）和高斯曲率（Gaussian Curvature）。实验结果如表 2-1～表 2-4 所示。

表 2-1　基于色彩强度的 MeshDOG 关键点检测器的重复性

模型变换	强度（1）	强度（≤2）	强度（≤3）	强度（≤4）	强度（≤5）
噪声	1.00	1.00	1.00	0.99	0.99
散粒噪声	1.00	0.99	0.99	0.99	0.98
旋转	1.00	1.00	1.00	1.00	1.00
尺度变换	1.00	1.00	1.00	1.00	1.00
局部尺度变换	1.00	1.00	0.99	0.99	0.99
重采样	0.96	0.96	0.95	0.90	0.94
孔洞	1.00	1.00	0.99	0.99	0.97
微孔	1.00	1.00	0.99	0.99	0.99
拓扑变换	0.93	0.86	0.82	0.82	0.78
等距变换	0.95	0.97	0.97	0.93	0.96

表 2-2　基于平均曲率的 MeshDOG 关键点检测器的重复性

模型变换	强度（1）	强度（≤2）	强度（≤3）	强度（≤4）	强度（≤5）
噪声	0.96	0.93	0.91	0.90	0.89
散粒噪声	0.99	0.98	0.96	0.95	0.94
旋转	1.00	1.00	1.00	1.00	1.00
尺度变换	1.00	1.00	1.00	1.00	1.00
局部尺度变换	0.99	0.98	0.97	0.96	0.96
重采样	0.92	0.89	0.91	0.88	0.92
孔洞	0.99	0.99	0.99	0.98	0.98
微孔	1.00	1.00	0.99	0.99	0.98
拓扑变换	0.90	0.83	0.75	0.62	0.76
等距变换	0.95	0.96	0.94	0.94	0.93

表 2-3　基于高斯曲率的 MeshDOG 关键点检测器的重复性

模型变换	强度（1）	强度（≤2）	强度（≤3）	强度（≤4）	强度（≤5）
噪声	0.97	0.93	0.87	0.83	0.79
散粒噪声	0.99	0.98	0.97	0.96	0.92
旋转	1.00	1.00	1.00	1.00	1.00

续表

模型变换	强度（1）	强度（≤2）	强度（≤3）	强度（≤4）	强度（≤5）
尺度变换	1.00	1.00	1.00	1.00	1.00
局部尺度变换	0.98	0.98	0.97	0.96	0.95
重采样	0.88	0.88	0.91	0.94	0.92
孔洞	0.99	0.99	0.99	0.97	0.97
微孔	1.00	0.99	0.99	0.98	0.97
拓扑变换	0.85	0.70	0.65	0.58	0.64
等距变换	0.95	0.96	0.95	0.92	0.93

表 2-4　　pHKS 关键点检测器的重复性

模型变换	强度（1）	强度（≤2）	强度（≤3）	强度（≤4）	强度（≤5）
噪声	1.00	1.00	1.00	1.00	1.00
散粒噪声	1.00	1.00	1.00	1.00	1.00
旋转	1.00	1.00	1.00	1.00	1.00
尺度变换	1.00	1.00	1.00	1.00	1.00
局部尺度变换	1.00	1.00	1.00	1.00	1.00
重采样	1.00	1.00	1.00	1.00	1.00
孔洞	0.80	1.00	1.00	0.60	1.00
微孔	1.00	1.00	1.00	1.00	1.00
拓扑变换	1.00	1.00	0.60	1.00	1.00
等距变换	1.00	1.00	1.00	1.00	1.00

　　从表 2-1～表 2-4 可以看出，在噪声、散粒噪声情况下，MeshDOG 关键点检测器的重复性整体上随着强度的增加而下降。特别是几何特征定义的标量函数（平均曲率和高斯曲率），MeshDOG 算法的性能下降尤为明显。相反地，pHKS 关键点检测器在 PHOTOMESH 数据集上具有更好的性能，在噪声、散粒噪声和重采样所有的强度级别下其重复性都保持为 1。这是因为 pHKS 关键点检测器使用的标量函数比 MeshDOG 中使用的标量函数更稳定。

　　在旋转、尺度变换、局部尺度变换和等距变换下，MeshDOG 和 pHKS 关键点检测器都能正确地检测到模型上的关键点。这显示了 MeshDOG 和 pHKS 算法都对模型的刚性和非刚性变换保持稳健。

　　在孔洞和微孔情况下，MeshDOG 关键点检测器的重复性随着变换强度的增加线性地下降；而由于标量函数对不完整的模型保持稳定，pHKS 关键点检测器的性能优于 MeshDOG 算法。值得注意的是，在很多情况下，pHKS 关键点检测器的重复性不为 1，这是因为孔洞的存在导致部分关键点丢失。

当模型的拓扑结构发生变化时，MeshDOG 关键点检测器的性能显著地下降。特别地，在强度为 1 级的情况下，基于高斯曲率的 MeshDOG 算法的重复性为 0.85，随着强度提高至 5 级，其重复性降低至 0.64。而 pHKS 关键点检测器能够较好地处理拓扑变换，这主要是由于关键点的显著性的定义。pHKS 关键点不仅是一个局部极大值，而且与其相邻拓扑空间相比具有高的持久度。因此，尽管整个模型被转换为多个结构，标量域中的局部极值保持相对稳定，在其持久度没有很大改变的情况下，关键点就可以成功地检测。但是，在某些情况下（如第 3 级的拓扑变换），pHKS 关键点检测器的重复性较差，这是因为某些关键点的持久度被改变。

2.5.3 TOSCA 数据集上的性能

本节在 TOSCA 数据集上，首先探究了不同参数设置对 HeaPS 特征描述子性能的影响，然后进一步与几种最先进的算法进行比较。

1. 数据集及参数说明

TOSCA 数据集由九类三维几何模型组成，即 Cat、Centaur、David、Dog、Gorilla、Horse、Michael、Victoria 和 Wolf。每一类模型包括一个对称的空模型及其经近似等距变换得到的形变模型，共 80 个模型。形变模型与其相应空模型之间点的一一对应关系为先验知识，称为真实点（Ground-Truth）。三维几何模型上点的数量范围从 5000 到 50000。为了降低计算复杂度和满足存储空间的需求，遵循文献[17]中的方法，对所有的模型进行重采样，将其顶点数降至最多为 10000 个。

2. 评价标准

特征描述子的鉴别力使用累积特征匹配（Cumulative Match Characteristic，CMC）曲线来评价。累积特征匹配曲线描述了特征描述子从前 k 个最佳匹配点中找到真实点的概率，k 处的命中率定义为真实点在前 k 个最佳匹配点中所占的比例。命中率是参数 k 的单调递增函数，通过改变参数 k 的值可以生成累积特征匹配曲线。

3. 参数讨论

本节在 Michael 模型上，探究不同的参数对 HeaPS 特征描述子性能的影响。

HeaPS 特征描述子包含三个参数：直方图索引数 B_0、热传播带数 S_0 及采样的时间点数 T_0。

1）直方图索引数

HeaPS 特征描述子通过将热核签名函数值累积到相应的直方图索引中来描述每一个关键点，直方图索引数的选择需要在特征描述子的鉴别性和对噪声的鲁棒性之间取得折中。具体来说，具有较多索引数的直方图能够使 HeaPS 特征描述子编码更多的局部邻域的几何信息，从而增强 HeaPS 的鉴别力；另外，具有更多索引数的直方图更易受到噪声的影响。本节测试 HeaPS 特征描述子在不同直方图索引数下的性能，热传播带数 S_0 和采样的时间点数 T_0 分别设置为 $S_0 = 3$，$T_0 = 3$。实验结果如图 2-9（a）所示。

从图 2-9（a）中可以看出，当直方图索引数 B_0 从 1 增加到 4 时，HeaPS 特征描述子的命中率随之增加；当直方图索引数 B_0 大于 4 时，HeaPS 特征描述子的性能会下降。因此，在随后的实验中，将直方图索引数 B_0 设置为 3，以便使 HeaPS 特征描述子具备良好的鉴别性和鲁棒性。

2）热传播带数

热传播带数 S_0 在 HeaPS 特征描述子中起着关键作用，因为它决定了特征描述子的鉴别力。具体而言，更多数量的热传播带数 S_0 能够编码更加详细的局部表面的几何信息，但是，需要以更高的计算和存储压力为代价。本节测试 HeaPS 特征描述子在不同的热传播带数下的性能，直方图索引数 B_0、采样的时间点数 T_0 分别设置为 $B_0 = 3$ 和 $T_0 = 3$。实验结果如图 2-9（b）所示。

从图 2-9（b）中可以看出，随着热传播带数从 1 增加到 6，HeaPS 特征描述符的鉴别力持续增强，进而能够得到更好的匹配性能。增加的热传播带为局部表面提供了一种多尺度的描述，并将其更精细的几何信息编码到特征描述子中。由于热传播带数的增加需要更多的计算和存储资源来生成 HeaPS 特征描述符，因此，在随后的实验中设置 $S_0 = 3$。

3）采样的时间点数

给定生成 HeaPS 特征描述子的时间间隔 $[t_{min}, t_{max}]$，时间的采样为关键点局部特征的描述提供了具有多个尺度的支撑区域。理论上讲，更多的时间采样将能够更准确地描述关键点。在实验中，t_{min} 始终设置为 $0.4\ln(10)/\lambda_{300}$，t_{max} 的值设置为 0.1。本节测试了 HeaPS 特征描述子在不同时间采样数量下的性能，其他两个参数分别设置为 $B_0 = 3$ 和 $S_0 = 3$。实验结果如图 2-9（c）所示。

从图 2-9（c）中可以看出，随着时间样本的数量从 2 增加到 3，HeaPS 特征描述子的性能有着显著的提高，之后保持稳定。这是由网格曲面的分辨率较低造成的。由于最小和最大的支撑区域已经分别由时间采样 t_{min} 和 t_{max} 确定，增加时间采样并不能使 HeaPS 特征描述子编码更多的几何信息。更多的时间采样数会导致更高的特征维度和计算成本，因此，在随后的实验中设置 T_0 为 3。

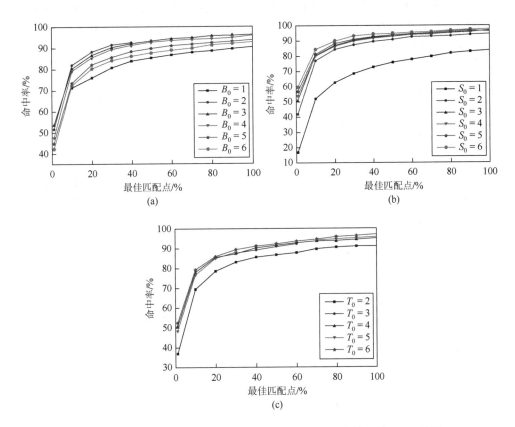

图 2-9　TOSCA 数据集上 HeaPS 特征描述子在不同参数下的 CMC 曲线

（a）直方图索引数；（b）热传播带数；（c）采样的时间点数

4. 实验结果及讨论

在本节中，将 HeaPS 特征描述子与三种最先进的特征描述子进行比较，包括 HKS[11]、波动核签名函数（Wave Kernel Signature，WKS）[16]和学习的谱特征描述子（Learned Spectral Descriptor，LSD）[17]。HeaPS 特征描述子在三种不同的维数下生成，其参数配置分别为 16 维（$B_0 = 2$，$S_0 = 4$，$T_0 = 2$）、27 维（$B_0 = 3$，$S_0 = 3$，$T_0 = 3$）和 60 维（$B_0 = 4$，$S_0 = 5$，$T_0 = 3$）。HKS、WKS 和 LSD 特征描述子的性能采用文献[17]中报道的实验结果。图 2-10 展示了这四种特征描述子生成的 CMC 曲线。

　　如图 2-10 所示，即使在较低维数的情况下，HeaPS 特征描述子的 CMC 曲线
与高度优化的机器学习方法（即 LSD）接近。当维数低至 16 时，HeaPS 特征描述
子在第一个最佳匹配点的命中率约为 45%，而 HKS 和 WKS 的命中率都低于 40%。
随着特征描述子的维数从 16 增加到 64，HeaPS 特征描述子的性能显著地提高，
在第一个最佳匹配点的命中率高于 50%。

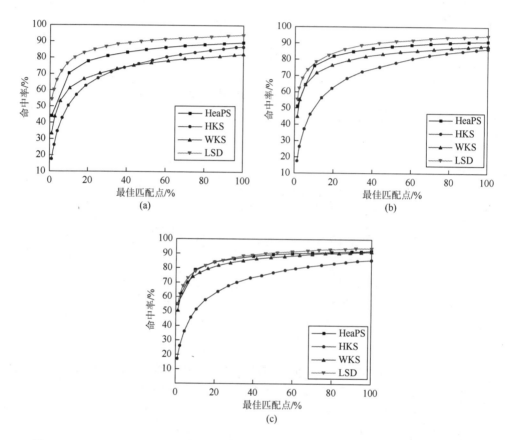

图 2-10　HeaPS、HKS、WKS 和 LSD 特征描述子在 TOSCA 数据集上取得的 CMC 曲线
（a）16 维；（b）32 维（HeaPS 为 27 维）；（c）64 维（HeaPS 为 60 维）

　　采用相似度图对 HeaPS 特征描述子的鉴别力进行可视化的描述。如图 2-11
所示，选择形状上的一点作为参考点（箭头所示的白色的点），根据参考点与模型
上其他的点在特征空间中的距离对 Human 模型进行着色。将 HeaPS 特征描述子
与 HKS 和 WKS 特征描述子进行比较，特征描述子的维数为 16。
　　从图 2-11 中可以看出，HeaPS 特征描述子能够更精确地找到匹配点。在特征

空间中与参考点距离较小的点，都位于参考点的局部邻域内。相比之下，HKS 特征描述子未能区分具有相似全局结构的点，因为局部的几何信息主要受模型高频的影响。WKS 强调精细的几何特征导致其精确定位的性能较差。

图 2-11 三种特征描述子在 Human 模型上的相似度图

（关键点为模型手腕处箭头所指白色的点）

（a）HKS；（b）WKS；（c）HeaPS

2.5.4 SHREC 2010 特征检测与描述数据集上的性能

本节在 SHREC 2010 特征检测与描述数据集（SHREC 2010 Feature Detection and Description 数据集）[14] 上进行了实验，以评估 pHKS 特征点检测器的可重复性和 HeaPS 特征描述子的鲁棒性。

1. 数据集说明

SHREC 2010 特征检测与描述数据集由三类三维几何模型组成，即 People、Dogs 和 Horses。每一类模型都由一个源模型及其经过九种不同变换生成的形变模型组成，即噪声、散粒噪声、微孔、孔洞、拓扑变换、重采样、尺度变换、局部尺度变换和等距变换。每种变换包括 5 个强度等级。

2. 评价标准

总体来看，通过将形变模型上检测到的关键点及其特征描述子与空模型进行比较，对算法的性能进行评估。给定模型配准的真实值（空模型 N_S 与形变模型 T_S 之间基于点的匹配），关键点的重复性定义为形变模型上检测到的关键点位于空模型上检测到的关键点邻域内的比例，邻域的尺度用 r 来描述。局部特征描述子的鲁棒性定义为所有匹配的关键点在特征空间中的平均归一化的 L^2 距离。遵循文献[17]的做法，定义 r 的值为模型（基于测地线距离）直径的 1%。

3. 实验结果及讨论

为了进行比较，采用文献[17]中报道的几种最佳算法的结果。所得结果如表 2-5～表 2-13 所示。

在关键点检测方面，本章提出的 pHKS 关键点检测器检测到的关键点的平均数量为 157，实验结果如表 2-9 所示。采用四种算法进行对比，即热核函数的变种 HK1[11]（表 2-5，检测到的关键点的平均数量为 9），3D-Harris[9]（表 2-6，检测到的关键点的平均数量为 303），Mesh Saliency[69]（表 2-7，检测到的关键点的平均数量为 409）和 MeshDOG[8]（表 2-8，检测到的关键点的平均数量为 129）。

在局部特征描述方面，本章提出的 HeaPS 特征描述子采用 pHKS 关键点检测器提取的关键点，其平均数量为 157，实验结果如表 2-13 所示。采用三种算法进行对比，包括 Spin Image（表 2-10，关键点的平均数量为 205）、HKS[11]（表 2-11，关键点的平均数量为 9）和 MeshHOG[8]（表 2-12，关键点的平均数量为 129）。

从这些表中可以看出，本章所提出的 pHKS 关键点检测器和 HeaPS 特征描述子对模型的等距变换和尺度变换保持不变，这是因为拉普拉斯-贝尔特拉米算子反映的是物体三维表面的本征属性。同时，通过对特征值进行归一化操作，使其具有了尺度不变的特性。

在微孔、孔洞和拓扑变换方面，pHKS 关键点检测器的性能随着模型变换强度的增加而降低。这是因为，这些变换会引起拓扑结构的变化，进而影响某些点的显著性，特别是对于持久性相对较小的点。拓扑变换对 HeaPS 特征描述子的影响相对较小，这是因为支撑区域反映的是三维表面的本征属性。相对而言，HeaPS 特征描述子对微孔和孔洞比较敏感，这是因为用于关键点描述的支撑区域在这些变换下被改变，缺少一些重要几何信息。

从表 2-13 中可以看出，随着噪声和散粒噪声的增强，HeaPS 特征描述子的性能会下降，这是因为噪声会影响拉普拉斯-贝尔特拉米算子的计算精度。

表 2-5　HK1 关键点检测器的重复性

模型变换	强度（1）	强度（≤2）	强度（≤3）	强度（≤4）	强度（≤5）
等距变换	100.00	100.00	100.00	100.00	100.00
拓扑变换	94.44	90.38	87.45	88.70	85.76
孔洞	80.54	79.00	75.25	72.10	69.99

模型变换	强度（1）	强度（≤2）	强度（≤3）	强度（≤4）	强度（≤5）
微孔	100.00	100.00	100.00	100.00	100.00
尺度变换	100.00	100.00	100.00	100.00	100.00
局部尺度变换	97.44	96.79	93.02	87.25	82.90
重采样	100.00	100.00	100.00	100.00	100.00
噪声	100.00	95.19	93.16	89.37	85.77
散粒噪声	98.08	95.30	90.03	82.10	74.38
平均值	96.72	95.18	93.21	91.06	88.76

表 2-6　3D-Harris 关键点检测器的重复性

模型变换	强度（1）	强度（≤2）	强度（≤3）	强度（≤4）	强度（≤5）
等距变换	90.47	91.94	91.71	91.88	92.10
拓扑变换	90.33	90.21	89.93	89.97	89.82
孔洞	89.59	89.41	89.25	88.82	88.49
微孔	90.42	90.40	90.36	90.33	90.31
尺度变换	92.21	91.61	90.67	89.55	88.19
局部尺度变换	88.08	86.49	83.64	80.99	78.98
重采样	84.81	84.80	82.37	78.76	70.68
噪声	89.27	87.36	83.20	79.76	74.53
散粒噪声	90.73	90.84	89.43	87.94	86.37
平均值	89.55	89.23	87.84	86.44	84.39

表 2-7　Mesh Saliency 关键点检测器的重复性

模型变换	强度（1）	强度（≤2）	强度（≤3）	强度（≤4）	强度（≤5）
等距变换	86.17	87.42	87.24	87.76	88.15
拓扑变换	86.18	85.63	85.58	85.56	85.56
孔洞	85.72	85.10	84.34	83.56	82.58
微孔	68.52	62.27	57.96	54.75	51.99
尺度变换	89.80	88.28	86.82	85.14	83.70
局部尺度变换	85.73	84.97	84.48	83.33	82.12
重采样	85.02	83.15	82.21	79.94	77.61

续表

模型变换	强度（1）	强度（≤2）	强度（≤3）	强度（≤4）	强度（≤5）
噪声	87.31	85.43	83.28	81.36	79.40
散粒噪声	85.95	84.42	82.77	81.76	81.23
平均值	84.49	82.96	81.63	80.35	79.15

表 2-8　MeshDOG 关键点检测器的重复性

模型变换	强度（1）	强度（≤2）	强度（≤3）	强度（≤4）	强度（≤5）
等距变换	97.44	98.72	98.03	98.49	98.49
拓扑变换	97.44	97.44	97.44	97.40	97.41
孔洞	96.50	96.50	96.26	95.91	95.55
微孔	97.31	97.24	97.22	97.08	96.95
尺度变换	97.44	97.44	97.35	97.24	97.18
局部尺度变换	94.62	91.67	89.27	85.99	82.62
重采样	88.08	84.94	81.20	77.82	72.92
噪声	91.92	91.92	90.09	88.59	87.10
散粒噪声	97.44	97.50	97.44	97.40	97.38
平均值	95.35	94.82	93.81	92.88	91.73

表 2-9　pHKS 关键点检测器的重复性

模型变换	强度（1）	强度（≤2）	强度（≤3）	强度（≤4）	强度（≤5）
等距变换	99.07	98.87	98.41	98.06	98.06
拓扑变换	96.47	95.26	94.73	92.30	88.12
孔洞	93.50	92.32	90.15	88.73	85.55
微孔	98.81	98.47	98.22	97.78	96.95
尺度变换	100.00	100.00	100.00	100.00	100.00
局部尺度变换	97.62	96.78	92.32	91.79	90.23
重采样	96.43	95.94	94.78	93.31	92.17
噪声	96.45	93.14	92.10	90.68	88.34
散粒噪声	98.47	96.55	93.38	91.74	87.24
平均值	97.42	96.37	94.90	93.82	91.85

表 2-10　Spin Image 特征描述子的鲁棒性

模型变换	强度（1）	强度（≤2）	强度（≤3）	强度（≤4）	强度（≤5）
等距变换	0.12	0.10	0.10	0.10	0.10
拓扑变换	0.11	0.11	0.11	0.11	0.11

续表

模型变换	强度（1）	强度（≤2）	强度（≤3）	强度（≤4）	强度（≤5）
孔洞	0.12	0.12	0.12	0.12	0.12
微孔	0.15	0.15	0.16	0.16	0.16
尺度变换	0.18	0.15	0.15	0.15	0.15
局部尺度变换	0.12	0.13	0.14	0.15	0.17
重采样	0.13	0.13	0.13	0.13	0.15
噪声	0.13	0.15	0.17	0.19	0.20
散粒噪声	0.11	0.13	0.16	0.17	0.18
平均值	0.13	0.13	0.14	0.14	0.15

表 2-11　HKS 特征描述子的鲁棒性

模型变换	强度（1）	强度（≤2）	强度（≤3）	强度（≤4）	强度（≤5）
等距变换	0.04	0.03	0.04	0.04	0.04
拓扑变换	0.04	0.06	0.11	0.13	0.18
孔洞	0.06	0.07	0.08	0.08	0.09
微孔	0.04	0.04	0.05	0.05	0.05
尺度变换	0.04	0.04	0.04	0.04	0.04
局部尺度变换	0.07	0.08	0.10	0.13	0.16
重采样	0.05	0.05	0.05	0.07	0.14
噪声	0.08	0.09	0.11	0.12	0.13
散粒噪声	0.05	0.08	0.15	0.24	0.31
平均值	0.05	0.06	0.08	0.10	0.13

表 2-12　MeshHOG 特征描述子的鲁棒性

模型变换	强度（1）	强度（≤2）	强度（≤3）	强度（≤4）	强度（≤5）
等距变换	0.08	0.07	0.08	0.08	0.08
拓扑变换	0.08	0.08	0.08	0.08	0.08
孔洞	0.12	0.13	0.13	0.14	0.15
微孔	0.09	0.09	0.09	0.10	0.11
尺度变换	0.08	0.08	0.08	0.08	0.08
局部尺度变换	0.18	0.25	0.27	0.28	0.31
重采样	0.37	0.38	0.39	0.40	0.42
噪声	0.37	0.38	0.38	0.38	0.38
散粒噪声	0.11	0.11	0.11	0.11	0.11
平均值	0.16	0.17	0.18	0.18	0.19

表 2-13　HeaPS 特征描述子的鲁棒性

模型变换	强度（1）	强度（≤2）	强度（≤3）	强度（≤4）	强度（≤5）
等距变换	0.02	0.02	0.02	0.02	0.03
拓扑变换	0.04	0.04	0.04	0.06	0.06
孔洞	0.05	0.05	0.06	0.06	0.06
微孔	0.09	0.11	0.11	0.13	0.15
尺度变换	0.04	0.04	0.04	0.04	0.04
局部尺度变换	0.06	0.08	0.08	0.11	0.14
重采样	0.04	0.04	0.04	0.05	0.08
噪声	0.04	0.06	0.07	0.09	0.10
散粒噪声	0.08	0.11	0.11	0.13	0.14
平均值	0.05	0.06	0.06	0.08	0.09

2.5.5　SHREC 14 Human 数据集上的性能

本节在 SHREC 14 Human 数据集[18]上，评估提出算法在三维模型检索任务的应用。

1. 数据集说明

SHREC 14 Human 数据集包含两个不同的子集。第一部分为合成的三维几何模型集合，包含 15 个不同的人体模型，每个模型有 20 个姿势，总共产生 300 个模型。第二部分为扫描的模型（Scanned Model）集合，包含 40 个人的三维扫描图，每个人有 10 种不同姿势，总共生成 400 个三维几何模型。为了与其他算法的性能进行比较，遵循文献[18]中的做法，将所有的三维几何模型重采样至 4500 个网格面（Triangle Face）。

2. 评价标准

给定一个查询的三维几何模型 s_q，s_q 属于类别 C。模型检索算法返回一系列的查询结果模型 $S_r = \{s_r^i, i = 1, 2, \cdots, N_m\}$，根据其在特征空间中的相似度依次排列。准确率（Precision）$p(r)$ 是指在前 r 个查询结果模型序列 S_r 中，与 s_q 同属于类别 C 的模型所占的百分比；召回率（Recall）是指查询到的属于 C 类的模型占数据集中所有 C 类模型的百分比。数据集中的所有模型轮流使用，作为查询模型。算法的三维模型检索性能使用平均准确率（Mean Average Precision，MAP）来评估，其定义如下所示：

$$\text{MAP} = \sum_r p(r) \tag{2-24}$$

3. 实验结果及讨论

为了评估 pHKS 关键点检测器和 HeaPS 特征描述子对三维非刚性曲面的描述能力，本节采用词袋（Bag-of-Word）模型生成模型的特征向量，用于三维非刚性模型的检索。

首先使用 pHKS 关键点检测器从模型上提取其关键点，然后使用 HeaPS 特征描述子提取关键点的特征码，最后采用词袋模型生成模型的特征向量。在本实验中，使用拉普拉斯-贝尔特拉米算子的前 300 个特征值和特征函数，关键点计算的时间参数设置为 $0.4\ln(10) / \lambda_{300}$，关键点筛选的阈值设为 $\tau = 0.01$，平均每个模型上提取的关键点数目为 157；HeaPS 特征描述子的三个参数分别设置为直方图索引数 $B_0 = 4$，热传播带数 $S_0 = 5$，采样的时间点数 $T_0 = 3$；词向量的数目设置为 15。使用标准的 L2 范数距离计算 pHKS-HeaPS 词袋模型特征之间的距离，作为模型的相似性度量。

将 pHKS-HeaPS 词袋模型与另外五种性能最好的算法进行比较，即面积投影变换直方图（Histogram of Area Projection Transform，HAPT）[69]、基于深度置信网络（Deep Belief Network，DBN）的算法[19]、双向谐波距离矩阵（Reduced Bi-Harmonic Distance Matrix，R-BiHDM）、模型谷歌（Shape Google）和空间金字塔匹配（Intrinsic Spatial Pyramid Matching，ISPM）。实验结果如表 2-14 所示。

表 2-14　六种三维模型检索算法在 SHREC 14 Human 数据集上的平均准确率

算法	合成模型数据集/%	扫描模型数据集/%
HAPT	81.7	63.7
DBN	84.2	30.4
R-BiHDM	64.2	64.0
Shape Google	81.3	51.4
ISPM	90.2	25.8
pHKS-HeaPS 词袋模型算法	88.7	68.2

从表 2-14 中可以看出，扫描的模型数据集比合成的模型数据集更具有挑战性。在合成的模型数据集上，空间金字塔匹配算法和本节提出的 pHKS-HeaPS 词袋模型的 MAP 值高达 90%左右，而模型谷歌、面积投影变换直方图和基于深度置信网络的算法的 MAP 值低于 85%。值得注意的是，模型谷歌、空间金字塔匹配和 pHKS-HeaPS 词袋模型都是基于扩散几何提出的算法，使用热核签名函数作为点

的特征描述子，这证明了扩散几何对三维可形变模型描述的有效性。与模型谷歌算法相比，pHKS-HeaPS 词袋模型的平均准确率较高。这是因为模型谷歌算法使用词袋模型处理模型上所有的点，而模型上大部分的点包含的几何信息有限，这降低了算法的准确率。另外，pHKS-HeaPS 词袋模型使用 pHKS 关键点检测器检测模型上几何信息丰富的点，并用 HeaPS 特征描述子进行描述，能够有效地提取模型的几何特征。在扫描的模型数据集上，pHKS-HeaPS 词袋模型的性能有所下降，从 88.7% 降低至 68.2%。这是因为现实场景中模型包含的数据噪声较多。

2.6　本　章　小　结

本章基于扩散几何理论，介绍了基于局部特征的三维可形变模型描述方法，包括基于同源一致性的 pHKS 关键点检测器和 HeaPS 特征描述子。为了生成 pHKS 关键点检测器，首先使用热核签名函数定义模型的标量域，使用较小的时间尺度计算标量函数以捕获局部曲面较小的几何特征。然后计算标量函数的同源一致性，从标量域中提取出模型上所有的极小值点及其持久度。具有高持久度的点被认为是 pHKS 关键点。为了描述关键点，首先使用热扩散区域生成反映三维表面本征属性的支撑区域，与基于测地线距离的支撑区域相比，热扩散区域具有更高的稳健性，并且为关键点的描述提供了一个尺度自适应的局部邻域。然后，通过对包含在热核函数时域和空域中的信息进行编码，生成 HeaPS 特征描述子。

本章在多个公开数据集上验证了算法的有效性。在 Interest Points 数据集上测试了 pHKS 关键点检测器的独特性。实验结果表明，pHKS 关键点检测器的性能明显优于当前最好的算法，并与人类的感知高度相关。在 PHOTOMESH 数据集上进行实验，结果显示 pHKS 关键点检测器具有较高的可重复性。在 TOSCA 数据集上的实验结果显示，HeaPS 特征描述子具有高的鉴别力。在 SHREC 2010 特征检测与描述数据集上的实验显示，pHKS 关键点检测器和 HeaPS 特征描述子具有当前最好的性能。最后，在 SHREC 2014 Human 数据集上的实验表明，pHKS 关键点检测器和 HeaPS 特征描述子能够有效地应用于三维几何模型的检索，并且提升了当前较先进算法的性能。

第3章　显著性区域检测

3.1　引　言

三维几何模型显著性特征的检测与描述是计算机视觉和计算机图形学领域的一个基本问题，在三维表面的匹配、模型配准、目标识别和模型检索等任务中有着广泛的应用[2]。早期研究主要集中于刚性的三维几何模型。由于存在大尺度的局部形变，针对三维非刚性模型的特征检测与描述更具有挑战性[20, 21]。在过去的十年中，已经提出了大量的基于点的特征检测器和特征描述子，如 MeshDOG 和 MeshHOG[8]，以及 3D-Harris[9]、HKS[11]、WKS[16]、稳定的拓扑签名（Stable Topological Signature）[15]、基于热传播的局部二值模式（Local Binary Pattern Based on Heat Diffusion，LBP-HD）、HeaPS 和基于机器学习的特征描述子[17, 19]。近年来，针对三维几何模型上稳定区域的检测与描述的研究，正受到人们越来越多的关注[3-5, 27]。与基于关键点的特征描述方法相比，模型上的区域具有更高的鲁棒性，因此在很多应用中取得了显著的成功[59]，如三维几何模型的配准、分割、检索等。

现有的针对三维几何模型上显著性区域的研究，主要集中于模型存在形变的情况下算法的稳定性。此外，现有的算法并没有考虑到区域检测与人类感知之间的关系。这就导致检测到的区域通常不包含丰富的几何特征[21]。根据认知理论可知，显著性区域是与其相邻的三维表面相比，由相对尺度和突出程度决定的一个与人类感知相关的模型上的连通域[4]。三维几何模型上显著性区域的检测具有重要意义，因为它从几何和语义的角度为模型的理解提供了丰富的信息。

本章介绍一种三维非刚性模型显著性区域检测的框架，即标量域聚类演变（Scale Space Clustering Evolution，SSCE）算法。该算法框架应用了两种主流的用于三维模型分析的理论，即扩散几何和同源一致性。首先，通过在连续的时间尺度上计算热核签名函数，定义模型的标量域。作为从拉普拉斯-贝尔特拉米算子中衍生出的特征描述子，热核签名函数在模型的等距变换下保持不变，并且能够多尺度地描述一个局部曲面。因此，在标量域的演化过程中，所有的显著性区域都会出现在标量空间中。其次，基于构建的标量场，采用同源一致性理论中的同源聚类（Persistence-Based Clustering）和聚类评估（Clustering Assessment）方法对多变量数据进行分析，提取模型上的显著性区域。同源聚类方法生成了模型的初始分割。最后通过计算同源一致性来评估聚类，并在标量域的演变过程中检测新出现的显著性区域。

　　本章首先介绍了现有的基于同源聚类的三维几何模型分割算法，分析了其局限性，并为提出的标量域聚类演变算法奠定了理论基础。然后，详细描述了 SSCE 三维模型显著性区域检测算法。最后，在三个常见的三维模型显著性区域检测数据集上进行对比实验，实验结果显示，所提出的算法明显优于现有较先进的算法。

3.2　基于同源聚类的三维非刚性模型分割

　　同源一致性的计算对数据进行聚类，由于其具有高鲁棒性等特点，适用于三维非刚性模型的分割。

3.2.1　同源一致性的计算

　　同源一致性属于计算拓扑学的范畴，它使用多种维度的拓扑特征来描述一个数据的集合。常见的拓扑特征包括：零维的连通域（Connected Component）、一维的孔洞（Hole）和二维的空（Void）。本章算法使用零维的拓扑特征，因为其在零维同源一致性中的使用可以有效地用于数据聚类，并直接应用于模型的分割。同源一致性的基本思想是，通过分析描述数据集合几何特征的函数的拓扑结构，得到了一个描述数据集的框架。

　　给定一个二维的流形 M 和定义其上的函数 $f: M \to \mathbb{R}$。假定函数 f 具有有限数量的关键点，即函数的一阶导数为零的点。由于 M 为一个二维的流形，函数的关键点包括局部极值点和鞍点。函数 f 的水平集 $L_\alpha(f) = f^{-1}([\alpha, +\infty))$ 对流形 M 进行筛选，生成了一个具有包含关系的子空间序列。当函数 f 的值从大变小时，同源一致性的计算对连接信息的变化进行编码。由 $L_\alpha(f)$ 生成的空间的拓扑结构仅在关键点处发生变化。在局部极大值处，空间中会生成新的连通域；在局部极小值点或鞍点处，会发生连通域的合并。在 α 从 $+\infty$ 减小到 $-\infty$ 的过程中，会生成流形 M 连通域的分层结构。为了使模型连通域的分层结构保持一致，令具有较小最大值的连通域被合并到值较大的连通域中。

　　令 $C_\alpha(f, u)$ 表示函数 f 的水平集 $L_\alpha(f)$ 生成的一个空间中的连通域。定义 $f(u)$ 为其最大值，则称 $C_\alpha(f, u)$ 生成于点 u 处。随着 α 的减小，令 $f(u)$ 保持为 $C_\alpha(f, u)$ 中最大值的 α 的最小值，称为 $C_\alpha(f, u)$ 的消亡值。因此，每一个连通域可以使用一个二元组 $(f(v), f(u))$ 来表示，其中 $f(u)$ 和 $f(v)$ 分别为连通域 $C_\alpha(f, u)$ 的生成值和消亡值。

将流形 M 分解为一个连通域的层级结构，并投影到一个二维的平面上，生成同源持久图 D_f。如图 3-1 所示为位于空间直角坐标系中的流形 M（左图）及其高度函数 f 的同源持久图 D_f（右图）。

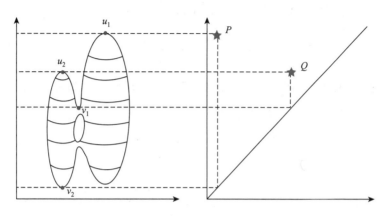

图 3-1　零维同源一致性的计算

基于平面直角坐标系

从图 3-1 中可以看出，流形 M 中的每一个连通域 $(f(v_2), f(u_1))$、$(f(v_1), f(u_2))$ 对应同源持久图中的一个点 $P, Q \in D_f$。定义连通域的持久度为其在同源持久图中的对应点 (a, b) 到直线 $y = x$ 的垂直距离，如下所示：

$$\text{pers}(a, b) := a - b \tag{3-1}$$

3.2.2　标量域的定义

基于同源聚类的三维可形变模型分割算法[24]与模型描述方法相关，采用一个标量函数对数据进行描述。文献[24]中采用自扩散函数（Auto Diffusion Function，ADF），也称为热核签名函数[11]，因为它被广泛地用于存在等距变换的三维表面的描述。

将一个三维几何模型抽象描述为一个紧凑的二维黎曼流形 M，M 具有标准的体积测度。M 上的热扩散过程由热方程描述，定义如下：

$$\left(\Delta_M + \frac{\partial}{\partial t} \right) u(x, t) = 0 \tag{3-2}$$

其中，$u(x, t)$ 描述了 t 时刻 M 上热量的分布；Δ_M 表示 M 的拉普拉斯-贝尔特拉米算子，是拉普拉斯算子在黎曼流形上的推广。式（3-2）的基础解称为热核函数 $h_t(x, y)$，描述了初始单位热源位于点 x 的情况下，t 时刻后由点 x 传播到点 y 的热量。根据谱分解定理，热核函数可以表示为

$$h_t(x, y) = \sum_{i \geq 1}^{\infty} e^{-\lambda_i t} \Phi_i(x) \Phi_i(y) \tag{3-3}$$

其中，λ_i 和 Φ_i 分别表示拉普拉斯-贝尔特拉米算子 Δ_M 的第 i 个特征值和特征函数。通过将热核函数的定义域限制在时域，可得

$$h_t(x, x) = \sum_{i \geq 1}^{\infty} e^{-\lambda_i t} \Phi_i^2(x) \tag{3-4}$$

函数 $h_t(x, x)$ 描述了初始单位热源位于点 x 的情况下，t 时刻后点 x 剩余的热量，称为自扩散函数 $\mathrm{ADF}_t(x)$。通过除以第二个特征值，函数 $\mathrm{ADF}_t(x)$ 具有尺度不变的特性[12]，如下所示：

$$\mathrm{ADF}_t(x) = \sum_{i \geq 1}^{\infty} e^{-\lambda_i t / \lambda_2} \Phi_i^2(x) \tag{3-5}$$

如文献[17]所示，热核函数具有很多特性适用于三维表面的分析。首先，热核函数对模型的等距变换保持不变。因此，适用于三维非刚性模型的分析。其次，热核函数在模型的局部扰动保持稳定。因此，热核函数对一定程度的噪声保持鲁棒性。特别地，自扩散函数 $\mathrm{ADF}_t(x)$ 是一个平滑的标量函数，能够多尺度地描述点 x 周围的几何信息。对于较小的 t，函数 $\mathrm{ADF}_t(x)$ 的值由点 x 周围尺度较小的邻域所决定；随着 t 值的增加，邻域的尺度变大。另外，当 t 的值较小时，自扩散函数 $\mathrm{ADF}_t(x)$ 与三维表面的曲率紧密相关，如下所示：

$$\mathrm{ADF}_t(x) = (4\pi t)^{-\frac{d}{2}} \sum_{i \geq 0} a_i t^i \tag{3-6}$$

其中，$a_0 = 1$；$a_1 = s(x)$，$s(x)$ 表示二维流形的高斯曲率。因此，自扩散函数可以理解为点 x 周围多尺度局部曲面的曲率，曲面的尺度由 t 隐式地描述。函数 $\mathrm{ADF}_t(x)$ 的局部极大值位于模型上显著性区域的顶点，函数的水平集包围显著性区域，函数的梯度指示显著性区域从顶点到其底部。

3.2.3　基于同源聚类的三维非刚性模型分割

聚类算法通过对具有相似特征的输入数据进行聚类来实现模型的分割。基于同源聚类的模型分割算法的基本思想是，由同源一致性计算得到的连通域提供了一种数据的聚类方式，更为重要的是，它为每个集群提供了一个显著性或稳定性的度量，称为持久度。具有较大持久度的连通域被认为是模型的显著特征，而具有较小持久度的连通域则被认为是拓扑噪声。同源聚类算法根据持久度来指导集

群的合并，在产生新的集群的同时生成了其稳定性的度量。起源于莫尔斯理论（Morse Theory），持久度被证明对于函数的扰动保持稳定。由于具有稳定性的特点，同源聚类被应用于三维可形变模型的分割。

　　总体来看，基于同源聚类的三维可形变模型分割算法包含三个步骤。首先，定义某一固定时间尺度的自扩散函数为模型的标量域，该标量域提供了一种模型的描述方法。然后，计算标量函数的同源一致性，得到同源持久图，图中包含模型连通域的持久度。最后，给定一个持久度的值作为连通域合并的阈值 τ（称为合并参数），依据合并参数将连通域分为显著性区域或拓扑噪声。通过将拓扑噪声合并到显著性区域中，得到一个稳定的三维几何模型的分割。

　　如图 3-2 所示为基于同源聚类的三维可形变模型分割算法对 TOSCA 数据集[27]中的"David"模型在不同的时间尺度 t 下的计算结果。其中，（a）$T_1 = 10.0$；（b）$T_2 = 1.0$；（c）$T_3 = 0.1$；（d）$T_4 = 0.01$。在图 3-2 中，第一行为使用自扩散函

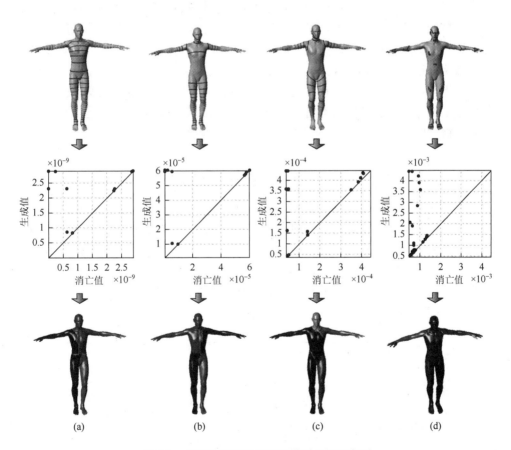

图 3-2　基于同源聚类的三维模型分割示意图

数定义的模型的标量域，随着标量函数等高线的颜色由红变为蓝（图中以灰度来区分），标量函数的值逐渐变小；图 3-2 中第二行为通过计算标量函数的同源一致性，生成的同源持久图；第三行为根据选取的合并参数得到的模型分割。值得注意的是，在不同的时间尺度下，合并参数的值不同。

基于同源聚类的三维可形变模型分割算法，依据合并参数检测模型的显著性区域。如式（3-5）所示，连通域的持久度会随着时间尺度 t 的变化而改变，因此，无法保证算法具有唯一的合并参数。事实上，合并参数 τ 应该针对不同的时间尺度和不同的三维模型进行调整。如图 3-2 所示，在不同的时间尺度下，合并参数 τ 的不同选择产生了不一致的模型分割。这显示了基于同源聚类的模型分割算法具有不稳定性。

除了稳定性，评估模型分割算法的另一个重要标准是显著性。一个具有高显著性的模型分割算法能够根据区域的相对大小和突出程度，将模型分解为多个与人类感知密切相关的显著性区域[21]。由于自扩散函数具有多尺度的特性，这导致了标量域的不稳定性。因此，基于同源聚类的三维可形变模型分割算法的显著性由时间参数的选择所决定，在某一时刻下，模型上所有的显著性区域都能被自扩散函数所描述，并且具有较大的持久度，如图 3-2（c）所示。

基于以上分析，得出的启发是，在时间尺度上存在标量域的演变，在此过程中模型上所有的显著性区域都将在标量域中显示出来。3.3 节详细描述了基于以上启发，得到的三维可形变模型上的显著性区域检测算法。

3.3　基于标量域聚类演变的显著性区域检测

受近期多变量数据分析工作的启发，即使用同源一致性来生成和评估[75]聚类，本节提出了 SSCE 算法，通过不同时间尺度下使用同源一致性分析自扩散函数定义的标量域，来解决三维可变形模型的显著性区域检测问题。SSCE 算法的基本思想是，利用标量域聚类的演变来提取模型上的显著性区域。算法执行的伪代码如算法 3.1 所示。

算法 3.1：SSCE 算法

输入：M：一个三维几何模型；

　　　T：时间尺度的采样；t_j：第 j 个时间采样。

输出：S：三维几何模型 M 上检测到的显著性区域的集合。

时间尺度的个数：scales ← count(T)

---

for $j = 0 \to (\text{scales} - 1)$ do

　　根据式（3-7），定义标准化的标量域 f'_{t_j}

　　计算标量函数 f'_{t_j} 的同源一致性，生成聚类 $S_j \leftarrow M$

　　if $j = 0$ then

　　　　使用聚类 S_0 生成模型 M 的初始化分割

　　else

　　　　根据式（3-12）优化检测到的区域

　　　　根据式（3-9），计算度量 σ^j_{Global}

　　　　if $\sigma^j_{\text{Global}} > 0$ then

　　　　　　S_j 中集群个数：$\text{components} \leftarrow \text{count}(S_j)$

　　　　　　for $i = 1 \to \text{components}$ do

　　　　　　　　根据式（3-10），计算度量 $\sigma^j_{\text{Local}}(s_i)$

　　　　　　　　if $\sigma^j_{\text{Local}}(s_i) < 1$ then

　　　　　　　　　　$s_i(1) \bigcup \cdots \bigcup s_i(n) \leftarrow s_i$

　　　　　　　　end if

　　　　　　end for

　　　　end if

　　end if

end for

根据式（3-14），优化检测到的区域

　　给定一个三维几何模型 M，由同源一致性产生的数据聚类 $S = \{s_i, i = 1, 2, \cdots, k\}$ 提供了一种模型 M 的分割方式。基于同源聚类的模型分割算法，首先使用特定时间尺度 t_j 的自扩散函数 f_{t_j} 构造一个标量场。然后，计算标量函数的同源一致性，生成一个同源持久图 $D_{f_{t_j}}$。最后，在标量域中，将模型上的点 $p \in M$ 分别映射到相应的分组中，即 $S : f_{t_j}(p) \to i$，从而形成有限数量的集群 $s_i \in S$。这些集群互不相交，它们的并集构成了整个三维几何模型。同源一致性的计算为每个群集提供一个持久度的度量 $\text{pers}(s_i)$，可以用来衡量集群的显著性[71-73]。具有较大持久度的集群对应于模型上具有高突起的区域，而具有较小持久性的集群则对应模型上相对平坦的区域，这是因为标量域反映了三维表面的曲率特征[11]。然而，由于标量域的不稳定性，由聚类 S 产生的模型分割缺乏稳定性和显著性。为了解决以上问题，本节探讨标量域在不同时间尺度上的演化过程。

3.3.1　聚类评估

为了评估模型上标量域的聚类，本节基于同源 $S = \{s_i, i = 1, 2, \cdots, k\}$ 一致性理论提出了两种度量，即 σ_{Global} 和 σ_{Local}。给定聚类，这两种度量分别在整体和局部评估聚类 S，用于指示标量域上的显著特征是否被聚类过程所捕获。

1. 标量域归一化

由于同源一致性分析了函数空间的几何和拓扑结构，持久度描述了一个连通域内函数变化的程度。一个区域的持续度被认为是其显著性的度量，描述了该区域与无特征或平坦区域的区别程度。

SSCE 算法基于一个关键的假设，即虽然标量域上显著性特征的持久度在不同时间尺度下变化很大，但它们具有相同的级数。因此，将标量函数 f_{t_j} 的值归一化到 0~1，如下：

$$f'_{t_j}(x) = \frac{f_{t_j}(x) - \min(f_{t_j}(x))}{\max(f_{t_j}(x)) - \min(f_{t_j}(x))} \tag{3-7}$$

其中，$\min(f)$ 和 $\max(f)$ 分别计算函数 f 的极小值和极大值。

给定归一化的标量函数 f'_{t_j}，同源一致性计算了标准化的函数空间中连通域的持久度，同源持久图 $D_{f_{t_j}}$ 描述了模型上区域的相对显著性。基于以上假设，合并参数 τ 的值设置为 0.1。这使得在不同的时间尺度上对聚类集群的评估保持一致，并且对于不同的三维几何模型保持稳定。

2. 总持久度

如图 3-1 所示，同源一致性通过使用同源一致图为模型上函数的变化提供了一种全局的描述。同源持久图一个直观的统计量是总持久度（Total Persistence），它描述了函数的波动程度。

给定一个函数 f 的同源持久图 D_f，总持久度 $\mathrm{pers}(D_f)$ 定义为同源持久图中所有点的持久度的平方和，其定义如下所示：

$$\mathrm{pers}(D_f) = \sum_{(u_i, v_i) \in D_f} \mathrm{pers}(u_i, v_i)^2 \tag{3-8}$$

直观上，函数总的持久度与统计学中的度量"总方差"类似。

3. 聚类的总体评估

根据以上定义，提出聚类的度量 σ_{Global}，用于总体评估聚类的优劣，其定义如下所示：

$$\sigma_{\text{Global}} = 1 - \frac{\sum \text{pers}^2(u_{s_i}, v_{s_i})}{\text{pers}(D_f)} \tag{3-9}$$

其中，(u_{s_i}, v_{s_i}) 表示函数 f 的同源持久图 $\text{pers}(D_f)$ 中持久度较高的点，对应于显著性较大的集群 s_i，$s_i \in S$。

度量 σ_{Global} 描述了未被聚类 $S = \{s_i, i = 1, 2, \cdots, k\}$ 捕获的函数变化的比例。σ_{Global} 值的范围从 0 到 1。其中，0 表示全部的特征已被当前聚类捕获。

4. 聚类的局部评估

为了对聚类进行局部的评估，提出了度量 σ_{Local}，它计算了聚类 $S = \{s_i, i = 1, 2, \cdots, k\}$ 中每一个集群 s_i 捕获的函数变化的比例，其定义如下：

$$\sigma_{\text{Local}}(s_i) = \frac{\sum \text{pers}^2(u_{s_{i,j}}, v_{s_{i,j}})}{\text{pers}^2(u_{s_i}, v_{s_i})} \tag{3-10}$$

其中，$\text{pers}(u_{s_i}, v_{s_i})$ 表示集群 s_i 的持久度；$(u_{s_{i,j}}, v_{s_{i,j}})$ 表示集群 s_i 中包含的三维模型的几何特征，包括显著性特征和拓扑噪声，满足 $\sigma_{\text{Global}} = 1 - \dfrac{\sum\limits_{1 \leqslant i \leqslant k} \sigma_{\text{Local}}(s_i)}{k}$。

$\sigma_{\text{Local}}(s_i)$ 的值小于等于 1。当 $\sigma_{\text{Local}}(s_i)$ 等于 1 时，意味着 s_i 完全捕获了其中的函数的变化；当 $\sigma_{\text{Local}}(s_i)$ 的值较小时，表示有很多的几何特征未被集群 s_i 捕获。

3.3.2　标量域聚类演变

如图 3-2 所示，由于自扩散函数具有多尺度特性，在不同的时间尺度下，标量域上的显著性区域存在一个演变过程。根据式（3-5）可知，自扩散函数 $\text{ADF}_t(x)$ 是拉普拉斯-贝尔特拉米算子的特征函数的线性组合。当时间尺度 t 的值较大时，大的特征值对应的特征函数对标量函数 $\text{ADF}_t(x)$ 贡献很小。因此，自扩散函数描述由小的特征值反映的模型的特征，即其全局特征。随着时间尺度 t 值的减小，模型更多的几何特征会出现在标量域中，从模型的全局特征演变为局部特征，从大尺度的特征演变为小尺度的特征。

基于以上分析可知，随着时间尺度的变化，标量域的演变过程会显示模型上所有的显著性区域。值得注意的是，显著性区域检测针对较大尺度的几何特征，而这些特征由自扩散函数 $\mathrm{ADF}_t(x)$ 在较大的时间尺度 t 处反映。因此，算法跟踪分析在较大时间尺度连续递减下的自扩散函数，即 $T=\{t_j, j=0,1,\cdots,n_t\}$。

首先，在 t_0 时刻，使用同源聚类结果 $S_0=\{s_0^i, i=1,2,\cdots,k_0\}$ 初始化三维几何模型的一个分割，其中，k_0 表示集群的个数，即为检测到的模型上的区域个数。特别地，同源一致性作用于归一化的标量域 f_{t_0}'。因此，在不同的三维几何模型上将连通域分类为显著性区域或拓扑噪声具有了一致性。

随着时间尺度的减小，在每个时间尺度 t_j 下，分别计算归一化标量函数 f_{t_j}' 的同源一致性，通过使用聚类的全局度量 $\sigma_{\mathrm{Global}}^j$ 和局部度量 $\sigma_{\mathrm{Local}}(s_j^i)$ 来评估聚类的有效性。如果 $\sigma_{\mathrm{Global}}^j$ 的值等于 0，说明聚类 S_j 成功地检测到当前标量域上所有的显著性特征，则算法继续在后面的时间尺度上分析聚类；否则，群集需要更新。遍历所有的单个集群 $s_j^i \in S_j$，以寻找 $\sigma_{\mathrm{Local}}(s_j^i)$ 大于 1 的集群。这些集群包含显著的特征，根据同源一致性计算得到的连通域层级结构，对其进行进一步的特征提取。

当算法完成时，三维可形变模型上的显著性区域以模型上点的聚类的形式被提取，即 $S_{nt}=\{s_{nt}^i, i=1,2,\cdots,k_{nt}\}$。

3.3.3　显著性区域的优化

标量域的聚类演变过程提供了一种三维几何模型的粗糙的分割。在大多数情况下，标量域中存在许多不包含特征的区域，它们被随机地分配到不同的集群中，从而生成三维几何模型上具有任意大小的区域。如图 3-2（a）和（b）所示，由于胸部区域特征不够明显，被随机地包含到不同的区域中。为解决以上问题，本节中提出两种算法来优化提取的显著性区域。

首先，在标量域的聚类演化过程中，被分配至不同集群的区域称为不稳定区域。其定义如下：

$$s_j^i(\text{unstable}) = s_j^i \setminus s_{j-1}^i \qquad (3\text{-}11)$$

其中，$s_j^i(\text{unstable})$ 表示在时间尺度 t_j 下第 i 个集群 s_j^i 包含的不稳定区域。这些区域被从相应的集群 s_j^i 中删除，生成其稳定的显著性区域 $s_j^{i\prime}$，如下所示：

$$s_j^{i\prime} = s_j^i \setminus s_j^i(\text{unstable}) \qquad (3\text{-}12)$$

被删除的区域 $s_j^i(\text{unstable})$ 合并到一起，生成时间尺度 t_j 下不稳定区域的集合，如下所示：

$$s_j(\text{unstable}) = s_j^1(\text{unstable}) \bigcup \cdots \bigcup s_j^i(\text{unstable}) \bigcup \cdots \bigcup s_{j-1}(\text{unstable}) \qquad (3\text{-}13)$$

其中，$s_j(\text{unstable})$ 表示时间尺度 t_j 下不稳定的区域的集合，满足约束条件 $s_0(\text{unstable}) = \varnothing$。

在时间尺度 t_{n_t} 时，稳定区域的集合 $S'_{n_t} = \{s_{n_t}^{i'}, i = 1, 2, \cdots, k_{n_t-1}\}$ 即为最终模型上检测到的显著性区域。值得注意的是，不稳定区域没有包含在最终的显著性区域的集合中，因为它们包含的几何特征较少。

其次，由于不稳定区域包含的几何特征较少，因此可以使用标量函数（自扩散函数）数值较小的等高线将其与显著性区域分离。这是因为自扩散函数的水平集包围着显著性区域，并且其梯度方向指向特征较少的区域。本节通过引入参数 γ_p，即保留的持久度比例（Retained Ratio of Persistence），来优化提取的显著性区域。其定义如下：

$$s_{n_t}^{i'} = \{x_k \mid x_k \in s_j^i, x_k \leqslant \Theta\} \tag{3-14}$$

其中，$\Theta = \max(f(s_{n_t}^i)) - \gamma_p(\max(f(s_{n_t}^i)) - \min(f(s_{n_t}^i)))$。直观上，随着 γ_p 的减小，更多的不稳定区域被删除；同时，检测到的区域的尺度变小。

随着从模型上检测到的区域中删除不稳定区域，以上两种优化策略明显地提高了检测区域的显著性和稳定性。

如图 3-3 所示为本节提出的标量域聚类演变算法执行的流程图，其中，"猫"模型取自 TOSCA 数据集[27]。对于输入的"猫"模型（图 3-3（a）），通过计算自扩散函数在时间尺度 T_0 下定义的标量域的同源一致性，生成其初始的分割（图 3-3（b））。值得注意的是，在时间尺度 T_0 下，没有显著性区域被提取出来，这是因为自扩散函数在 T_0 时只有"猫"模型的尾部的持久度较高。随着时间尺度从 T_1 降至 T_n，标量域上的聚类被评估、更新，模型上所有的显著性区域被检测出来（图 3-3（c））。两种显著性区域优化算法将不稳定区域删除，最终得到"猫"模型上稳定的显著性区域（图 3-3（d））。

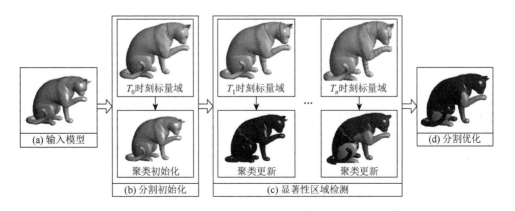

图 3-3　标量域聚类演变算法示意图

3.4　实　验　分　析

　　本节通过进行多个实验，来验证提出的 SSCE 算法在三维可形变模型显著性区域检测方面的有效性。首先，在 TOSCA 数据集[27]上进行实验，以评估标量域聚类演变算法的可重复性，并研究不同参数化对其性能的影响。然后，在 Princeton Segmentation 数据集[3]上，验证标量域聚类演变算法的显著性，即该算法在模型上提取的显著性区域与人类感知的关系。在 SHREC 2010 特征检测与描述数据集（SHREC 2010 Feature Detection and Description 数据集）[74]上，验证标量域聚类演变算法在各种模型形变情况下的稳健性，并与几种最先进的算法进行比较。最后，结合特征区域描述算法，验证其在模型配准任务中的应用。

　　在离散化的设置中，针对网格曲面的拉普拉斯-贝尔特拉米算子提出了很多算法，如基于余切权重的算法[74]和基于有限元的算法[12]。为了与其他算法进行比较，实验中采用基于余切权重的算法来计算拉普拉斯-贝尔特拉米算子的特征值和特征向量，并用于计算自扩散函数。因为同源一致性理论属于拓扑学的范畴，所以它的计算只取决于网格的连通性。同源一致性算法工具箱（Persistent Homology Algorithms Toolbox，PHAT）[75]作为一个开源库，用于计算同源一致性。在本节实验中，采用了 Union-Find 算法。因为该算法易于实现，并且在该领域得到了广泛的应用。

　　由于三维几何模型可以表示为三角形网格曲面，因此，遵循文献[3]的做法，特征区域检测算法直接应用于网格面（Face）上。通过线性组合将自扩散函数 f 投影到网格面上，如下：

$$f(\mathrm{tr}) = \frac{1}{3}\sum_i f(\mathrm{tr}_i) \qquad (3\text{-}15)$$

其中，tr 表示一个网格面；$\{\mathrm{tr}_i, i = 1, 2, 3\}$ 表示该网格面的三个顶点。如以下实验所示，基于网格面的函数表示方法显著地提高了算法的稳健性。

3.4.1　TOSCA 数据集上的性能

1. 数据集说明

　　TOSCA 数据集[27]由 9 类模型组成，即猫（Cat）、半人马（Centaur）、大卫（David）、狗（Dog）、大猩猩（Gorilla）、马（Horse）、迈克尔（Michael）、维多利亚（Victoria）

和狼（Wolf）。每一类模型都存在等距变换，并以三角形网格曲面的形式表示，模型上顶点的数目在 40000～50000。模型之间基于点匹配的真实值已知。为了与其他方法进行比较，遵循文献[27]的方法，对所有三维几何模型的网格曲面进行重采样，使其最多拥有 10000 个顶点。

2. 评价标准

评价一个显著性区域检测器，使用最广泛的准则是重复性[21]。令 M 和 N 分别表示形变模型和其相应的源模型，令 $\{M_1, M_2, \cdots, M_{k_m}\}$ 和 $\{N_1, N_2, \cdots, N_{k_n}\}$ 分别表示在模型 M 和 N 上检测到的区域。假设模型配准的真实值已知，即对于形变模型 M 上检测到的每一个区域 M_i，可得其相应的空模型 N 上的区域 N_i'。给定两个区域 M_i 和 N_j，它们之间的重叠率 $O(M_i, N_j)$ 定义如下：

$$O(M_i, N_j) = \frac{\mathrm{Area}(N_i' \cap N_j)}{\mathrm{Area}(N_i' \cup N_j)} \tag{3-16}$$

其中，$\mathrm{Area}(Q)$ 表示区域 Q 的面积。

对于形变模型上检测到某一个区域，若其在源模型上的相应区域被检测到，并且它们之间的重叠率大于某一阈值 $o \in \mathbb{R}$，则称该区域被成功检测到。给定一个重叠率的值 o，特征区域检测器的重复性定义为在形变模型上检测到的区域个数所占的比例。

3. 参数的讨论

总体而言，SSCE 算法包含三个参数：①时间采样 $\{T_i, i = 0,1,\cdots,n_t\}$；②特征函数的数量 n_E；③保留的持久度比例 γ_p。本节依据重复性准则，在 TOSCA 数据集上测试了标量域聚类演变算法在不同参数设置下的性能。

1）时间采样

时间采样 $\{T_i, i = 0,1,\cdots,n_t\}$ 对提出的标量域聚类演变算法的性能起着重要的作用，它决定了区域是否能被检测到。在时间间隔 $[T_{\min}, T_{\max}]$ 的对数空间中，均匀地采集 6 个时间点，其中 $T_{\min} = 4\ln(10) / \lambda_{300}$，$T_{\max} = 4\ln(10) / \lambda_2$。如文献[11]所示，当 $t > 4\ln(10) / \lambda_2$ 时，函数值没有明显的变化，因为它们主要受较小的特征值及其相应的特征向量的控制。时间采样的数量 n_t 设置为 4，在该设置下能够保证标量域聚类演变算法检测到模型上所有的显著性区域。因此，选取时间间隔 $[T_{\min}, T_{\max}]$ 的前 4 个时间采样 $\{T_i, i = 1,\cdots,4\}$，并将最小的时刻值 $T_{\min}$ 设置为 T_4。其中，T_1 和 T_4 的值依次为 9.20 和 0.15。值得注意的是，依据式（3-5），特征值 λ_i 被归一化以使算法具有尺度不变性。本小节测试了标量域聚类演变算法在不同的 $T_{\min}$ 下的性能，而另外两个参数被依次设置为 $n_E = 300$、$\gamma_p = 0.7$。狗模型上特征区域的检测结果如图 3-4 所示。

从图 3-4（a）中可以看出，当最小的时间采样 $T_{\min}$ 的值较大时，一些显著的几何特征不能够被检测到。随着 $T_{\min}$ 值的减小，可以检测到模型上所有的显著性区域，如图 3-4（b）所示。$T_{\min}$ 的值继续减小，显著性区域的尺度变小（图 3-4（c）），这是由自扩散函数的多尺度特性所决定的。当 $T_{\min}$ 的值较大时，一些相对较小的几何特征被相邻曲面所平滑，持久度较低，因此无法被检测到；当 $T_{\min}$ 的值减小时，自扩散函数描述了尺度较小的曲面的几何信息，它等值线的分布更接近于显著性区域的顶端，如图 3-2 所示。因此，在 $T_{\min}$ 的值下降的情况下，所有的显著性区域都能被检测到，并且检测区域的尺度（面积）减小。

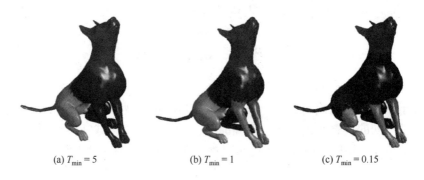

(a) $T_{\min} = 5$ 　　　　　　(b) $T_{\min} = 1$ 　　　　　　(c) $T_{\min} = 0.15$

图 3-4　时间采样对标量域聚类演变算法性能的影响

2）特征函数的数量（n_E）

特征函数的数量决定自扩散函数对曲面描述的准确性。由于提出的标量域聚类演变算法依赖于自扩散函数来表征一个三维几何模型，理论上，使用更多的特征函数可以使算法具有更高的重复性。本小节测试了特征函数的数量对算法重复性的影响，保留的持久度比例 γ_p 的值设置为 0.7。实验结果如图 3-5 所示。

从图 3-5 中可以看出，随着特征函数数量 n_E 的增加，标量域聚类演变算法的重复性提高，这证实了之前的理论分析。具体来说，随着特征函数的数量 n_E 从 50 增加到 100，算法的性能略有提高。当特征函数的数量 n_E 从 100 增加到 300 时，算法的性能几乎保持不变。这是因为对于某一特定的时间尺度，用于计算自扩散函数的特征函数数量存在一个极限。根据式（3-5），特征函数 Φ_i 对自扩散函数的影响随着其索引 i 的增加呈指数级下降。因此，进一步增加特征函数的数量不会增加标量函数的鉴别力，进而无法提高算法的性能。另外，大量的特征函数会导致计算的成本很高，并且需要占用更多的内存资源。因此，在随后的实验中将特征函数的数量设置为 100。

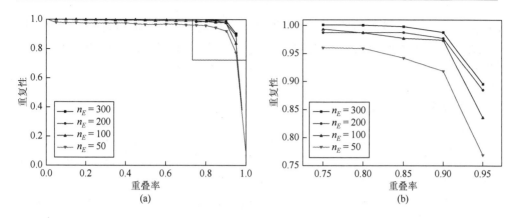

图 3-5　特征函数的数量对标量域聚类演变算法性能的影响

（a）原图；（b）放大图

3）保留的持久度比例

保留的持久度比例 γ_p 用于显著性区域的优化。当在两个三维几何模型上检测到相匹配的区域时，γ_p 决定了提出的标量域聚类演变算法的重复性。本小节测试了标量域聚类演变算法在不同的保留的持久度比例下的性能，其他的两个参数保持不变，如上所述。实验结果如图 3-6 所示。

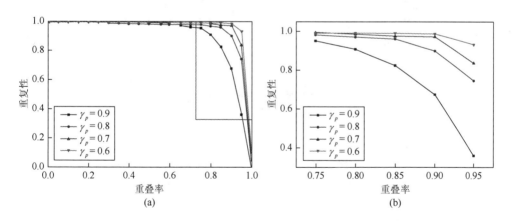

图 3-6　保留的持久度比例对标量域聚类演变算法性能的影响

（a）原图；（b）放大图

从图 3-6 中可以看出，标量域聚类演变算法的性能随着保留的持久度比例 γ_p 的减小而提高。特别地，在重叠率为 0.9 的情况下，当 γ_p 的值为 0.6 时，算法的重复性可以达到 1.0；当 γ_p 的值为 0.9 时，算法的重复性约为 0.7。这是因为随

着 γ_p 的减小，更多的不稳定区域被移除，从而提高了算法的重复性。值得注意的是，减小 γ_p 的值会减小检测区域的尺度。因此，在随后的实验中设置 γ_p 的值为 0.7。

4. 实验结果及讨论

在本小节中，将 SSCE 算法与当前最先进的 Consensus Segmentation 算法[4]进行了比较，算法的参数设置如上所述，并采用了文献[4]中 Consensus Segmentation 算法最好的结果进行对比。实验结果如图 3-7 所示。

从图 3-7 中可以看出，与 Consensus Segmentation 算法相比，本章提出的 SSCE 算法在重复性方面有着更好的表现。Consensus Segmentation 算法的性能在重叠率为 0.6 时开始下降，而 SSCE 算法的性能下降处位于重叠率约为 0.9 处。

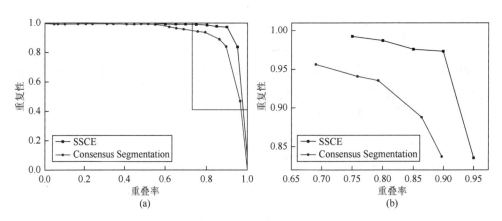

图 3-7　TOSCA 数据集上 SSCE 算法与 Consensus Segmentation 算法对比示意图

（a）原始图；（b）放大图

3.4.2　Princeton Segmentation 数据集上的性能

如文献[4]所示，现有的特征区域检测算法无法自动确定模型上最佳的显著性区域的个数，通常将其作为参数由算法显式地给出。由于自扩散函数对局部曲面的描述具有多尺度的特性，因此，不存在一个特定的时间值，在该时间值下所有的显著性区域都能被检测到。相比之下，本章提出的 SSCE 算法基于对标量域演变过程的分析，能够自动地检测出模型上所有的显著性区域。

本节在 Princeton Segmentation 数据集上[3]测试了 SSCE 算法的显著性，即该算法在模型上提取的显著性区域与人类感知的关系。

1. 数据集及参数说明

Princeton Segmentation 数据集包含 19 类三维几何模型，由于存在模型的变换，数据集中一共有 380 个模型。经过人工标注，共生成 4300 个手动生成的分割。遵循文献[3]的方法，本节对 Princeton Segmentation 数据集中的 11 个三维非刚性模型进行实验。

SSCE 算法的参数设置为 $n_E = 300$，$\gamma_p = 0.6$，这在本实验中取得了最好的结果。如图 3-8 所示为 SSCE 算法对一些模型进行特征区域检测的结果。从图 3-8 中可以看出，SSCE 算法检测到的区域和人类的感知密切相关。

图 3-8　SSCE 算法在 Princeton Segmentation 数据集上的结果示意图

2. 评价标准

本节实验中，采用了四个度量来评估模型区域检测算法的显著性，包括切割差异（Cut Discrepancy，CD）、汉明距离（Hamming Distance，HD）、随机指数（Rand Index，RI）和一致性误差（Consistency Error，CE）。其中，切割差异是基于区域边界的度量，描述了检测区域边缘之间的距离；汉明距离、随机指数和一致性误差描述了检测区域的一致性。

1）切割差异

切割差异计算了检测区域和其真实值（人工标注的区域）之间边界的距离，即边缘上所有点之间距离的总和，提供了一种区域边缘对齐优劣的度量。

令 C_1 和 C_2 分别表示区域 S_1 和 S_2 边界上所有点的集合，$d_G(p_1, p_2)$ 表示网格模型上两点之间的测地线距离，则点 $p_1 \in C_1$ 到区域的边缘 C_2 的测地线距离 $d_G(p_1, C_2)$ 定义如下：

$$d_G(p_1, C_2) = \min(d_G(p_1, p_2)), \quad \forall p \in C_2 \tag{3-17}$$

定义区域 S_1 到 S_2 的方向切割误差（Directional Cut Discrepancy，DCD）为所有的点 $p_1 \in S_1$ 到 C_2 测地线距离 $d_G(p_1, C_2)$ 的平均值，如下所示：

$$\text{DCD}(S_1 \to S_2) = \text{mean}(d_G(p_1, C_2)) \tag{3-18}$$

为了满足度量的交换律，定义区域 S_1 和 S_2 的切割差异 $\text{CD}(S_1, S_2)$ 为双向的方向切割误差的平均值。为了消除模型尺度的影响，将切割差异除以模型上某一点到其中心点的欧氏距离（AvgRadius），如下所示：

$$\text{CD}(S_1, S_2) = \frac{\text{DCD}(S_1 \to S_2) + \text{DCD}(S_2 \to S_1)}{2 \cdot \text{AvgRadius}} \tag{3-19}$$

2）汉明距离

汉明距离从总体上描述了两个模型分割结果之间的差异。给定两个三维几何模型的分割 $S_1 = \{S_1^1, S_1^2, \cdots, S_1^m\}$ 和 $S_2 = \{S_2^1, S_2^2, \cdots, S_2^n\}$，$S_1$ 和 S_2 中分别包含 m 和 n 个区域，则方向汉明距离 $D_\text{H}(S_1 \to S_2)$ 定义如下：

$$D_\text{H}(S_1 \to S_2) = \sum_i \| S_2^i \setminus S_1^{i_t} \| \tag{3-20}$$

其中，$\setminus$ 表示计算集合的补集；$\|\cdot\|$ 表示计算集合元素的个数；i_t 表示 S_1 中与 S_2^i 交集元素最多的子集的索引，即 $i_t = \max_k \| S_2^i \setminus S_1^k \|$。

令 S_2 表示模型分割的真实值，根据方向汉明距离可定义丢失率 R_m 和错误率 R_f，如下所示：

$$R_\text{m}(S_1, S_2) = \frac{D_\text{H}(S_1 \to S_2)}{\| S \|} \tag{3-21}$$

$$R_\text{f}(S_1, S_2) = \frac{D_\text{H}(S_2 \to S_1)}{\| S \|} \tag{3-22}$$

其中，$\| S \|$ 表示模型多边形曲面的总面积。则定义汉明距离为丢失率和错误率的平均值，如下所示：

$$\text{HD}(S_1, S_2) = \frac{1}{2}(R_\text{m}(S_1, S_2) + R_\text{f}(S_1, S_2)) \tag{3-23}$$

3）随机指数

随机指数描述了网格曲面上的面元（Triangle Face）在分割结果中位于同一个区域中的概率。令 S_1 和 S_2 分别表示同一模型的两个分割，s_i^1 和 s_i^2 分别表示第 i 个面元在 S_1 和 S_2 中所处的分割区域的索引值，N 为网格曲面上面元的总个数。定义随机指数，如下所示：

$$RI(S_1, S_2) = \binom{2}{N}^{-1} \sum_{i,j,i<j} (C_{ij}P_{ij} + (1-C_{ij})(1-P_{ij})) \tag{3-24}$$

其中，$C_{ij}=1$，当且仅当 $s_i^1 = s_j^1$，否则 $C_{ij}=0$；P_{ij} 同理。$C_{ij}P_{ij}=1$，说明面元 i 和 j 在 S_1 和 S_2 中位于同一个区域中。

4）一致性误差

一致性误差描述了模型分割的结构性区别。

令 S_1 和 S_2 分别表示同一模型的两个分割，f_i 表示网格曲面的面元，$R(S, f_i)$ 表示包含面元 f_i 的分割区域。则定义局部误差 $E(S_1, S_2, f_i)$ 如下：

$$E(S_1, S_2, f_i) = \frac{\| R(S_1, f_i) \setminus R(S_2, f_i) \|}{\| R(S_1, f_i) \|} \tag{3-25}$$

分别定义全局一致性误差（Global Consistency Error，GCE）和局部一致性误差（Local Consistency Error，LCE）如下：

$$GCE(S_1, S_2) = \frac{1}{n} \min \left(\sum_i E(S_1, S_2, f_i), \sum_i E(S_2, S_1, f_i) \right) \tag{3-26}$$

$$LCE(S_1, S_2) = \frac{1}{n} \sum_i \min(E(S_1, S_2, f_i), E(S_2, S_1, f_i)) \tag{3-27}$$

3. 实验结果及讨论

将 SSCE 算法与数据集的真实值以及现今最先进的算法进行对比，包括 Heat Walk[26]、Rand Cuts[76]、Shape Diam[77]、Core Extraction[78]、Rand Walks[79]、Fit Prim[80]、K-means[81]。实验结果如表 3-1 所示。

表 3-1 显著性区域检测算法在 Princeton Segmentation 数据集上的性能

算法	切割差异	随机指数	汉明距离	全局一致性误差	局部一致性误差
真实值	0.140	0.081	0.108	0.082	0.055
Heat Walk	0.267	0.148	0.234	0.221	0.136
Rand Cuts	0.150	0.093	0.127	0.149	0.083
Shape Diam	0.221	0.143	0.177	0.144	0.094
Core Extraction	0.272	0.159	0.177	0.144	0.094
Rand Walks	0.297	0.164	0.215	0.222	0.123
Fit Prim	0.253	0.145	0.249	0.265	0.174
K-means	0.288	0.161	0.268	0.286	0.190
SSCE	0.149	0.090	0.118	0.124	0.065

　　从表 3-1 中可以看出,本章提出的 SSCE 算法在 Princeton Segmentation 数据集上取得了最佳的性能。值得注意的是,SSCE 算法和 Heat Walk 算法都是基于扩散几何理论。但是,本章提出的 SSCE 算法与 Heat Walk 算法有以下两点区别。首先,SSCE 算法在连续的时间尺度上使用自扩散函数构建标量域。因此,在标量域的演化过程中,模型上所有的显著性区域都会出现。而 Heat Walk 算法在某一特定的时间尺度上计算热核函数,这限制了算法的显著性。其次,SSCE 算法使用同源一致性理论来提取模型上的显著性区域,保证了算法的稳定性。

3.4.3　SHREC 2010 特征检测与描述数据集上的性能

　　本节在 SHREC 2010 特征检测与描述数据集上,首先测试了 SSCE 算法在三维可形变模型存在数据扰动的情况下显著性区域检测的可重复性,然后结合区域特征描述策略,测试了其在模型匹配任务中的应用。

　　1. 数据集及参数说明

　　SHREC 2010 特征检测与描述数据集包含三类三维几何模型,即人(People)、狗(Dog)、马(Horse)。每一类模型都包含九种变换,分别为等距变换、噪声、散粒噪声、孔洞、微孔、重采样、尺度变换、局部尺度变换和拓扑变换,每一种变换有五种强度。因此,SHREC 2010 特征检测与描述数据集中一共有 135 个三维几何模型。

　　2. 实验结果及讨论

　　根据 3.4.1 节设置 SSCE 算法的参数。如图 3-9 所示为 SSCE 算法在 SHREC 2010 特征检测与描述数据集“人”模型上的检测结果。图中显示了 SSCE 算法在模型存在九种变换下的显著性区域检测结果。值得注意的是,对于每一种变换,使用了最高的模型变换等级,即第五级。从图中可以看出,本章提出的 SSCE 算法对于模型的各种变换具有很高的稳健性。

　　与三种当前最好的三维可形变模型显著性区域检测算法进行对比,包括 Litman 等[3]、Sipiran 等[21]、Consensus Segmentation[4],文献[3]、[4]、[21]中最好的结果被报道。实验结果如图 3-10 所示。

　　从图 3-10(a)中可以看出,在模型等距变换的情况下,本章提出的 SSCE 算法的性能明显优于其他算法。具体来说,SSCE 算法在重叠率为 0.9 处可以检测到模型上全部的区域,而现有算法的性能在重叠率为 0.6 处开始下降。SSCE 算法的姿态不变性由自扩散函数对模型的等距变换保持不变的特性所决定。另外，同源一致性的计算仅使用节点的连接信息，在模型的刚性和非刚性变换下，保持稳定。

如图 3-10（b）和（c）所示，与其他算法相比，SSCE 算法在模型的尺度变换和局部尺度变换下具有更优的性能。当重叠率为 0.9 时，SSCE 算法能够成功检测到模型上所有的区域（根据式（3-5）），这是因为标量域的定义具有尺度不变的特性。

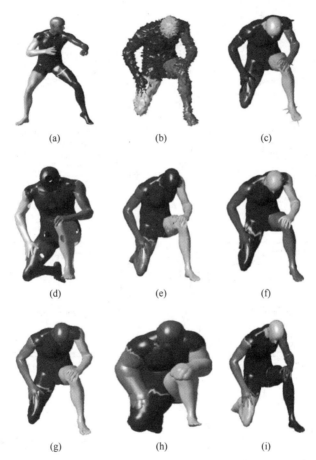

图 3-9　SSCE 算法在 SHREC 2010 特征检测与描述数据集上的检测结果

（a）等距变换；（b）噪声；（c）散粒噪声；（d）孔洞；（e）微孔；（f）重采样；（g）尺度变换；（h）局部尺度变换；（i）拓扑变换

从图 3-10（e）中可以看出，SSCE 算法对模型上的微孔保持稳健。在重叠率为 0.9 时，SSCE 算法可以检测到几乎所有的区域。而在模型存在孔洞的情况下（图 3-10（d）），SSCE 算法的性能下降，这是因为孔洞的存在明显降低了匹配区域的重叠率。

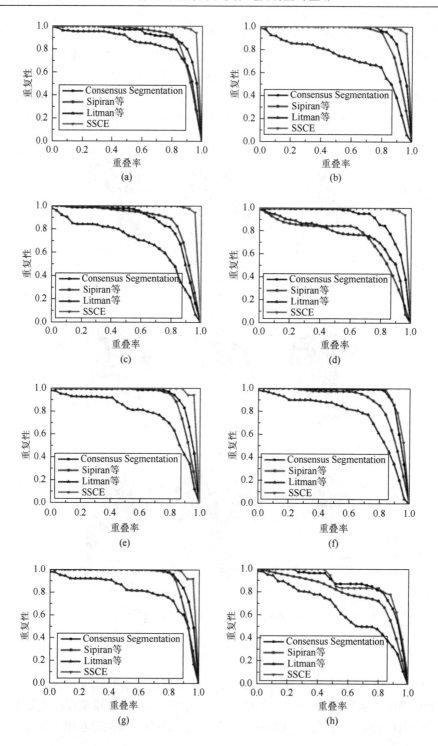

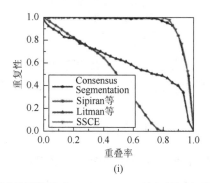

图 3-10　四种显著性区域检测算法在 SHREC 2010 特征检测与描述数据集上的对比结果
（a）等距变换；（b）尺度变换；（c）局部尺度变换；（d）孔洞；（e）微孔；（f）噪声；（g）散粒噪声；
（h）拓扑变换；（i）重采样

在散粒噪声的情况下（图 3-10（g）），SSCE 算法具有很高的可重复性。当重叠率为 0.9 时，SSCE 算法的重复性为 1.0。SSCE 算法在噪声的情况下（图 3-10（f）），也具有与其他算法相近的性能。这是因为 SSCE 算法是在网格面上执行的（式（3-15）），异值点可以通过同一个三角形内的点来平滑，与基于顶点和边加权的算法相比，它的鲁棒性明显提高[3]。

理论上，SSCE 算法无法很好地处理拓扑变换，这是因为同源一致性的计算依赖于点之间的连接信息。但是，如图 3-10（h）所示，SSCE 算法的性能与 Consensus Segmentation 算法取得的最好的重复性相近。这可能是因为在标量域的演变过程中，一些不稳定的区域被移除，这显著地改善了它对模型拓扑变换的鲁棒性。

从图 3-10（i）中可以看出，SSCE 算法在模型重采样的情况下取得了最好的重复性。这是因为模型的重采样不会影响自扩散函数计算的准确性，因此标量域保持稳定。此外，模型的连接信息不会因重采样而改变，这对同源一致性的计算没有影响。

总体来看，本章提出的 SSCE 算法在 SHREC 2010 特征检测与描述数据集上取得了很好的性能，在多种模型变换的情况下，其重复性超过了当前最好的三种算法。这主要是因为自扩散函数具有高稳定性，这确保了标量域在不同的模型变换下保持稳定。此外，同源一致性的计算在不同的网格质量下具有稳定性。基于网格面的权重策略进一步提高了 SSCE 算法的稳健性。

3.4.4　SHREC 2010 特征检测与描述数据集上的性能应用

如文献[3]所示，在基于特征的方法中，显著性区域检测的主要应用是模型的匹配和检索。本节在 SHREC 2010 特征检测与描述数据集上，测试了 SSCE 算法在模型匹配问题上的应用。

1. 参数说明

遵循文献[3]中的做法，通过计算 q 维点的特征描述子 $\alpha : M \rightarrow \mathbb{R}^q$ 的面积加权平均值，定义模型 M 上检测到的显著性区域 $C \in M$ 的区域特征描述子 $\alpha'(C)$，如下所示：

$$\alpha'(C) = \sum_{p \in C} \alpha(p) \text{Area}(p) \tag{3-28}$$

其中，$\text{Area}(p)$ 计算模型 M 上点 p 所属的面积。采用尺度不变的热核签名（Scale Invariant Heat Kernel Signature，SI-HKS）函数[14]作为点的特征描述子，热核签名函数在多个时间尺度上进行计算，即 $t = 16, 22.6, 32, 45.2, 64, 90.5, 128$，并采用前六个频率计算 SI-HKS 函数。

2. 评价标准

遵循文献[4]中模型匹配的实验方法，本节采用匹配值（Matching Score）来评估区域特征描述子的鉴别力，从而测试了 SSCE 算法在模型匹配中的应用。

给定一个空模型上的检测区域 N_i，其在形变模型 M 上的最佳匹配（First Match）M_{i*} 定义为 N_i 在特征空间中的最近邻，如下所示：

$$M_{i*} = \arg\min \| \alpha'(N_i) - \alpha'(M_j) \|_2 \tag{3-29}$$

在重叠率为 o 处的匹配值 $\text{score}(o)$ 定义为最佳匹配为真实值的区域特征描述子所占的比例，如下所示：

$$\text{score}(o) = \frac{|\{O(M_j, N_i) \geqslant 0\}|}{k_n} \tag{3-30}$$

3. 实验结果及讨论

将 SSCE 算法与当前最好的算法 Litman 等[3]、Consensus Segmentation[4]进行对比，实验结果如图 3-11 所示。

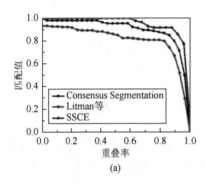
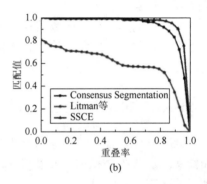

(a)　　　　　　　　　　　　　　(b)

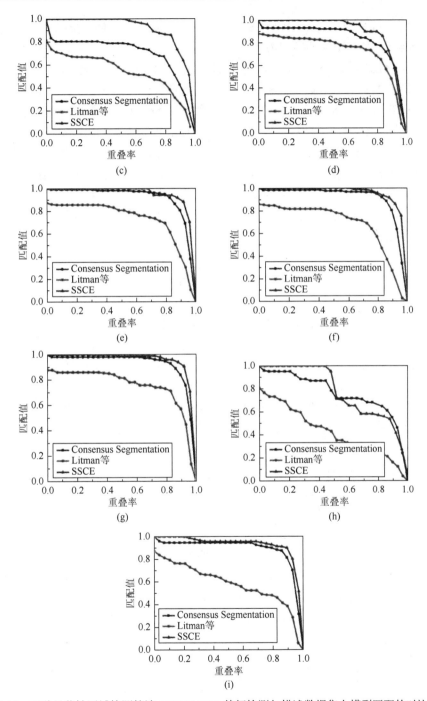

图 3-11 三种显著性区域检测算法 SHREC 2010 特征检测与描述数据集上模型匹配的对比结果

（a）等距变换；（b）尺度变换；（c）局部尺度变换；（d）孔洞；（e）微孔；（f）噪声；（g）散粒噪声；
（h）拓扑变换；（i）重采样

从图 3-11 中可以看出，基于 SSCE 显著性区域检测的区域特征描述子在模型的各种变换下，具有更高的鉴别力和稳健性。在模型存在等距变换（图 3-11（a））、尺度变换（图 3-11（b））、局部尺度变换（图 3-11（c））、孔洞（图 3-11（d））、微孔（图 3-11（e））、噪声（图 3-11（f））、散粒噪声（图 3-11（g））的情况下，基于 SSCE 算法的区域特征描述子的匹配值于重叠率 0.6 处开始下降，明显优于 Litman 等提出的算法。当对模型进行重采样时（图 3-11（i）），本章所提算法的性能于重叠率 0.2 处开始下降，这是因为重采样影响了区域之间重叠率的计算。

如图 3-11（h）所示，基于 SSCE 算法的区域特征描述子在模型的拓扑变换下鉴别力下降明显，匹配值于重叠率 0.4 处开始下降。这是因为 SSCE 显著性区域检测算法使用模型上采样点的连接信息提取显著性区域，而拓扑结构的变化影响了检测区域的一致性。

3.5　本章小结

本章基于对三维可形变模型标量域聚类的分析，介绍了一种稳健的显著性区域检测算法。首先，定义自扩散函数为模型的标量函数，通过采样多个时间尺度构建模型的标量域。其次，在大的时间尺度下计算标量函数的同源聚类，生成模型的初始化分割。最后，通过计算同源一致性对聚类进行评估，并提取模型上的显著性区域。本章所提算法不需要任何先验知识就能提取模型上所有的显著性区域，这是因为在标量域的演化过程中，所有的特征明显的区域都会出现在模型的标量域中。

本章首先在 TOSCA 数据集和 SHREC 2010 特征检测与描述数据集上，测试了显著性区域检测器的重复性。实验结果表明，与当前最好的算法相比，本章提出的标量域聚类演变算法在模型的一系列变换下具有更好的性能，包括等距变换、尺度变换、局部尺度变换、孔洞、微孔、噪声、散粒噪声、拓扑变换以及重采样。其次，本章通过在 Princeton Segmentation 数据集上测试算法与人类感知的相关性，来评估区域检测器的显著性。实验结果表明，本章提出的标量域聚类演变算法的性能明显优于当前最好的算法。最后，本章在 SHREC 2010 特征检测与描述数据集上验证了标量域聚类演变算法在模型匹配任务中的有效性。

第4章 三维非刚性模型配准

4.1 引　　言

近年来，随着三维扫描设备和计算机的快速发展，深度数据的获取和处理变得更加快捷高效，出现了大量的三维图形数据。与图像、音频和视频等多媒体数据相比，深度数据反映了物体表面的三维几何形状信息，能够更精确地获得目标姿态，并且不受视角和光照的影响，因而被广泛地应用于智能制造、虚拟现实、智能监控、机器人以及遥感分析等领域。

三维几何模型配准就是计算模型在不同姿态变换下的对应关系，即拟合两个模型之间满足特定结构约束的映射关系，是计算机视觉和计算机图形学的基本任务，在三维重建、三维目标识别和三维模型检索中有着广泛的应用。一个常见的映射关系是等距映射，在该映射下，两点之间的测地线距离保持不变。现实世界中存在着大量的非刚性变换（即近似的等距变换），如人体关节的运动等。因此，计算三维非刚性模型的配准具有非常重要的实际意义。

三维模型主要存在两种姿态的变换，即刚性变换和非刚性变换。刚性变换包括旋转和平移，可以用一个矩阵来表示，基于刚性变换的三维几何模型配准算法已经比较成熟，如迭代最近邻（Iterative Closest Point，ICP）[82]。而模型的非刚性变换通常被近似为等距变换，并用点匹配来表示。基于点匹配的非刚性变换表示方式直接导致了模型配准问题的复杂度较高，其本质为组合优化问题，即匹配点的搜索空间随着模型上点数量的增加呈指数级增长。同时，无法为模型配准添加匹配点的连续性或全局一致性等约束条件[6]。由于三维几何模型数据在现实场景中可能会受到各种干扰，如等距变换、孔洞、微孔、尺度变换、局部尺度变换、重采样、噪声、散粒噪声以及拓扑变换等，这就要求配准算法具有很强的鲁棒性。

现有的三维非刚性模型配准算法首先提取一些稀疏的匹配点对，然后扩展到整个模型。稀疏的匹配点对其本质上是离散的，通常需要增加约束条件来保证模型配准的准确性，如匹配点之间测地线距离[27, 83, 84]、谱特征[29, 85, 86]、基于匹配特征点的标准域[28]或者多种几何和拓扑特征组合[87]的全局一致性。由于上述三维非刚性模型配准算法都基于点匹配，其本质上为非凸、非线性的优化问题，是 NP难问题，复杂度较高。

文献[6]提出了函数匹配（Functional Map）算法，将三维非刚性模型的配准问题由点的匹配推广到定义在模型上的函数的匹配。首先，为定义在模型上的函数空间选取适当的基函数，模型之间的函数匹配能够通过计算基函数的线性变换简洁地表示为一个矩阵。同时，模型配准的许多约束条件，如特征点和特征区域的匹配，都可以使用矩阵线性地表示。函数匹配将模型的非刚性变换参数化，显著地降低了三维非刚性模型配准问题的复杂度。但是，由函数匹配计算的三维模型配准存在一对多的点匹配，影响了算法的精确度[88]。

为了解决以上问题，本章介绍两种精度高且鲁棒的三维非刚性模型配准算法，即基于分层策略的模型配准（Hierarchical Shape Matching，HSM）算法和基于均衡化函数匹配的模型配准（Balanced Functional Shape Matching，BFSM）算法。本章首先基于点匹配的非刚性变换表示方式，介绍一种三维非刚性模型的分层配准策略。该算法的主要思想是，对于存在非刚性变换的三维几何模型，特征区域能够稳定地提取、描述并匹配，从而有效地缩小了特征点匹配的搜索空间。据此，分层配准算法首先提出了一个三维几何模型的树形表示方法，其中，根节点为三维几何模型，内部节点为特征区域，叶节点为包含在相应区域的特征点。然后，根据三维几何模型的树形表示，介绍一种新的基于分层策略的模型配准算法。在 SHREC 2010 特征检测与描述数据集（SHREC 2010 Feature Detection and Description 数据集）[14]上的对比实验表明，本章介绍的分层算法拥有很高的准确性，并且对于模型的变换及噪声等干扰保持鲁棒。随后，本章将基于点匹配的非刚性变换表示方式进行推广，介绍基于均衡化函数匹配的模型配准策略。首先，选取拉普拉斯-贝尔特拉米算子的特征函数作为模型函数空间的基函数，计算模型之间的函数匹配矩阵。然后，在函数空间对点的指示函数迭代地进行双向最近邻搜索，从模型的函数匹配矩阵中计算出点的匹配，从而实现模型的配准。在 TOSCA 数据集[27]和 SCAPE（Shape Completion and Animation of People）数据集[5]上的对比实验表明，基于均衡化函数匹配的模型配准算法性能明显优于当前性能最好的算法。

4.2　基于分层策略的三维非刚性模型配准

本节针对三维非刚性模型的配准问题，首先提出了三维几何模型的树形表示方法，并据此提出了一种新的基于分层策略的模型配准算法。

4.2.1　三维几何模型的树形表示

三维几何模型树形表示方法的主要思想是，定义一个三维几何模型 S 的树形结构 Tree(S)，该结构描述了模型的递归分解过程。

1. 扩散几何

将三维几何模型 S 抽象定义为紧致的黎曼流形 M，热传导方程描述了热量在 M 上随时间的变化过程，其定义为

$$\left(\Delta M + \frac{\partial}{\partial t}\right) u(x,t) = 0 \tag{4-1}$$

其中，$u(x,t)$ 表示 t 时刻 M 上的热量分布函数；ΔM 表示 M 的拉普拉斯-贝尔特拉米算子，ΔM 是拉普拉斯算子在黎曼流形上的推广。

式（4-1）的基础解 $K(x,y,t): M \times M \times \mathbb{R}_0^+ \to \mathbb{R}$ 称为热核函数，描述了初始单位热源位于点 x 的情况下，在经历时间 t 之后由 x 传递到 y 的热量。根据谱分解理论[11]，热核函数可以定义为

$$K(x,y,t) = \sum_{i=0}^{\infty} \mathrm{e}^{-\lambda_i t} \Phi_i(x) \Phi_i(y) \tag{4-2}$$

其中，λ_i 和 Φ_i 分别表示 ΔM 的第 i 个特征值和相应的特征函数。

热核函数具有许多相关的特性，适用于三维非刚性模型的分析。首先，热核函数对模型的等距变换具有鲁棒性，可以应用于模型在不同姿态下的配准；其次，热核函数对模型的局部扰动保持稳定，因此，对模型一定程度的噪声保持鲁棒；最后，热核函数能够多尺度地描述一个特征点。当 t 的取值较小时，$K(x,y,t)$ 描述了以 x 点为中心、尺度较小的局部曲面的几何特征；局部曲面的尺度随着 t 的增大而增加，$K(x,y,t)$ 描述点 x 的邻域更加全局的几何信息。

将热核函数仅定义在时域 t，得到 $K(x,x,t)$，称为热核签名函数 ADF(x,t)[11]，其描述了初始单位热源位于点 x，在经历时间 t 之后点保留的热量。热核签名函数继承了热核函数适用于三维非刚性模型分析的特性，被广泛用于三维模型的局部特征描述、点匹配[11]以及模型的全局描述。

2. 特征点和特征区域的提取

对于黎曼流形 M，首先使用热核签名函数 ADF(x,t) 计算其标量域 $f: M \to \mathbb{R}$，然后使用同源聚类（Persistence-Based Clustering）算法提取三维几何模型 S 的特征区域 $\mathbb{R}$ 和特征点 P，即 SSCE 显著性区域检测算法和 pHKS 关键点检测算法。

定义函数 f 的水平集为 $X_\alpha = f[\alpha, \infty)$，$\alpha \in (-\infty, +\infty)$。在由 $+\infty$ 减小到 $-\infty$ 的过程中，会产生新的连通域 $C(x_i)$。$C(x_i)$ 对应着函数 f 的一个局部极大值 x_i，在连通域 $C(x_i)$ 出现时生成。对于某个 α 值（$\alpha = \alpha_i$），若两个极大值点之间存在一条路径 M，该路径上所有的点满足 $f(x) \geq \alpha_i$，则会发生连通域的合并。当两个分别对应局部极大值为 x_1 和 x_2（$x_1 \leq x_2$）的连通域 $C(x_1)$ 和 $C(x_2)$ 发生合并时，$C(x_1)$ 融合到 $C(x_2)$ 中。因此，可以说连通域 $C(x_1)$ 生成于 x_1，消亡于 α_i。

同源持久图将 M 在同源聚类过程中生成的连通域映射到二维平面中，横坐标为其消亡值 α_i，纵坐标为其生成值 x_1。连通域的持久值 Γ 定义为 $\Gamma = x_i - \alpha_i$，是其映射在同源持久图中的点（α_i, x_i）到直线 $y = x$ 的垂直距离。每个连通域都与函数 f 的一个局部极大值相关，持久值 Γ 越大，其在同源一致图中的映射点距离直线 $y = x$ 越远，区域的特征性越强；如果距离直线 $y = x$ 较近，区域的显著性较弱，则可视为拓扑噪声。因此，可以使用平行于 $y = x$ 的直线将特征区域和拓扑噪声分离，其到 $y = x$ 直线的距离称为合并参数。

同源聚类算法通过分析函数 f 的水平集，提取三维几何模型 S 的拓扑特征，获得了 S 持久值较大的连通域 $C = \bigcup_{i=1}^{n} C(x_i)$，其显著性较强。因此，$C$ 可以作为 S 的特征区域 $\mathbb{R}$。

同时，每一个连通域都包含一个或者多个函数的局部极大值，含有丰富的几何信息。因此，局部极大值 $X = \bigcup_{j=1}^{m} x_j$（$m \geq n$）可以作为三维几何模型 S 的特征点 P。

3. 三维几何模型的树形表示流程

对于一个三维几何模型 S，首先提取其特征区域 $\mathbb{R}$ 和特征点 P，然后定义 S 的树形表示方法 Tree(S)。

令三维几何模型 S 为树的根节点；树的内部节点为 S 的特征区域 $\mathbb{R} = \bigcup_{i=1}^{n} r_i$，$n$ 为提取到的 S 特征区域的数目，满足约束条件 $r_i \in S$；定义叶节点为包含在特征区域 r_i 的特征点 $P_i = \bigcup_{j=1}^{m_i} p_i^j$，$m_i$ 为特征区域 r_i 包含的特征点的数目，满足约束条件 $\sum_{i=1}^{n} m_i = m$，$m \geq n$，并且 $p_i^j \in r_i$，则该树的深度为 3。如图 4-1 所示为 TOSCA 数据集[27]中"猫"的三维几何模型及其树形表示。

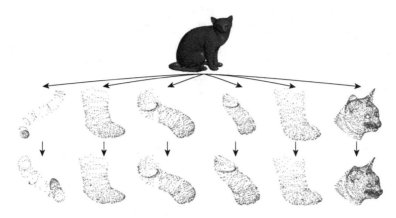

图 4-1　"猫"模型的树形表示方法

4.2.2　三维模型的分层配准

根据三维几何模型的树形表示,本节介绍一种新的基于分层策略的模型配准算法。

1. 内部节点的匹配

令 $R(S_1)=\bigcup_{i=1}^{n} t_i$ 和 $R(S_2)=\bigcup_{j=1}^{m} s_j$ 分别表示三维几何模型 S_1 和 S_2 的内部节点,即其特征区域。定义指示函数 $I(i,j)$ 如下:

$$I(i,j)=\begin{cases}1, & t_i\text{与}s_j\text{匹配}\\ 0, & \text{其他}\end{cases} \tag{4-3}$$

定义内部节点匹配的优化表达式为二次函数,如下:

$$\begin{aligned}F(I)=&\alpha\sum_{i,j,i',j'}|d_R(t_i,t_{i'})-d_R(s_j,s_{j'})|I(i,j)I(i',j')\\ &+\beta\sum_{i,j}\|f_R(t_i)-f_R(s_j)\|_2\,I(i,j)\\ &+\gamma\sum_{i,j}|\mathrm{Area}(t_i)-\mathrm{Area}(s_j)|I(i,j)\end{aligned} \tag{4-4}$$

其中, α 、 β 和 γ 分别表示权重; $d_R(\cdot,\cdot)$ 计算与特征区域对应的局部极大值点之间的测地线距离; $\mathrm{Area}(\cdot)$ 计算特征区域的面积; $f_R(\cdot)$ 表示内部节点的特征描述,其定义为

$$f_R(C(x_i))=\frac{\sum_{i=1}^{n}\mathrm{HKS}(p_i)}{n} \tag{4-5}$$

其中, p_i 为特征区域上的点; $\mathrm{HKS}(p_i)$ 计算点 p_i 的热核签名值[11]。

据此，定义内部节点匹配的目标函数，如下所示：

$$x^* = \arg\min F(I) \tag{4-6}$$

满足约束条件 $\forall j$, $\sum_i x(i,j) = 1$；$\forall i$, $\sum_j x(i,j) \leqslant 1$。

2. 叶节点的匹配

令 $P(S_1) = \bigcup_{i=1}^{n} t_i$ 和 $P(S_2) = \bigcup_{j=1}^{m} s_j$ 分别表示三维几何模型 S_1 和 S_2 的叶节点，即特征点。定义叶节点匹配的优化函数如下：

$$
\begin{aligned}
L(I) = \alpha \sum_{i,j,i',j'} |d_p(t_i, t_{i'}) - d_p(s_j, s_{j'})| I(i,j)I(i',j') \\
+ \beta \sum_{i,j} \| f_p(t_i) - f_p(s_j) \|_2 I(i,j)
\end{aligned}
\tag{4-7}
$$

其中，α 和 β 表示权重；$d_p(\cdot,\cdot)$ 计算两个特征点之间的测地线距离；$f_p(\cdot)$ 表示叶节点的特征描述，其定义如下：

$$f_p(p_i) = \mathrm{WKS}(p_i) \tag{4-8}$$

其中，$\mathrm{WKS}(p_i)$ 计算特征点 p_i 的波动核签名值[16]。

定义叶节点匹配的目标函数如下：

$$x^* = \arg\min L(I) \tag{4-9}$$

满足约束条件 $\forall j$, $\sum_i x(i,j) = 1$；$\forall i$, $\sum_j x(i,j) \leqslant 1$。

3. 三维模型的分层配准流程

对于两个三维几何模型 S_1 和 S_2，分别计算其树形结构 $\mathrm{Tree}(S_1)$ 和 $\mathrm{Tree}(S_2)$。分层配准算法的主要思想是，对三维几何模型的树形结构采用广度优先的匹配策略，从而降低了计算的复杂度，提高了匹配的效率。

首先根据目标函数式（4-6）计算内部节点的匹配，得到特征区域的匹配对 $M_R = \bigcup_{l=1}^{k} (t_i, s_j)$，其中，$k$ 为匹配的特征区域的个数。

叶节点的匹配在相应的特征区域中进行，从而缩小了搜索空间。对于特征区域匹配对 (t_i, s_j)，根据目标函数式（4-9）计算其内部特征点的匹配。

4.2.3 实验分析

本节在 SHREC 2010 特征检测与描述数据集[14]上测试了分层配准算法的性能。三维几何模型的分层配准过程如图 4-2 所示。

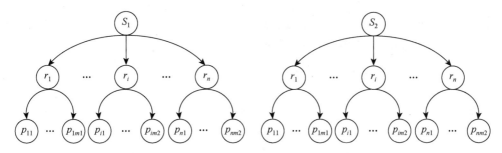

图 4-2　三维几何模型的分层配准过程

1. 数据集及参数说明

SHREC 2010 特征检测与描述数据集包含三类模型，每一类模型由一个空模型及其经过一系列变换得到的形变模型组成。模型的变换包括等距变换、孔洞、微孔、尺度变换、局部尺度变换、噪声、重采样、拓扑变换和散粒噪声。每一种变换有五个等级，为每类空模型生成了 45 个形变模型。

采用文献[3]中的方法，对 SHREC 2010 特征检测与描述数据集中的形变模型进行重采样，每个模型最多具有 10000 个顶点。采用基于余切权重的方法[12]计算拉普拉斯-贝尔特拉米算子，使用其前 300 个特征值和相应的特征函数来计算热核签名函数，设置时间参数 t 为 0.1。采用集合搜索算法计算同源聚类，合并参数 γ 设为 0.05，用以提取三维几何模型的特征区域和特征点。设置节点匹配的目标函数式（4-6）和式（4-9）参数值分别为 $\alpha = 5 \times 10^{-4}$，$\beta = 5 \times 10^{-2}$，$\gamma = 1$，并使用分支定界法寻找其最优解。

2. 评价标准

采用文献[3]中的方法对算法在数据集上的性能进行定量分析。定义模型配准为形变模型与空模型之间点的匹配，如下：

$$C = \bigcup_{i=1}^{K} (y_i, x_i) \tag{4-10}$$

其中，K 为点的匹配数目；y_i、x_i 分别代表形变模型 T 和空模型 N 上的特征点。模型配准的真实值包含在数据集中，因为空模型是对称的，所以配准的真实值由两部分组成：形变模型与空模型之间的匹配 C_1，以及形变模型与经过对称变换后的空模型之间的匹配 C_2。其定义如下：

$$C_1 = \bigcup_{i=1}^{M} (y_i, x_i') \tag{4-11}$$

$$C_2 = \bigcup_{i=1}^{M} (y_i, x_i'') \tag{4-12}$$

其中，M 为形变模型上顶点的数目；$x_i', x_i'' \in N$。

定义模型配准优劣的度量函数如下：

$$D(C) = \frac{1}{K} \sum_{i=1}^{K} \min(d_g(x_i, x_i'), d_g(x_i, x_i'')) \qquad (4-13)$$

其中，$(x_i, x_i') \in C_1$；$(x_i, x_i'') \in C_2$；$d_g(\cdot, \cdot)$ 计算两个特征点之间的测地线距离；$\min(\cdot, \cdot)$ 计算两个测地线距离中的较小值。

模型配准将点映射到空模型上，算法性能的度量在空模型上进行计算。

3. 定性分析

如图 4-3 所示为基于分层策略的三维非刚性模型配准算法在 SHREC 2010 特征检测与描述数据集上的配准结果。

从图 4-3（a）中可以看出，本章提出的分层配准算法能够准确地提取并匹配模型的特征点。这是因为热核签名函数对模型的非刚性变换具有鲁棒性，同源聚类算法提取出的点和区域具有较大的持久值，含有丰富的几何特征。同时，分层配准算法借助模型的树形表示缩小了特征点匹配的搜索空间，提高了配准的准确性。

从图 4-3（b）和（e）中可以看出，本章提出的分层配准算法对模型的噪声和微孔保持稳定，这是因为热核签名函数对施加于模型一定程度的噪声保持鲁棒。

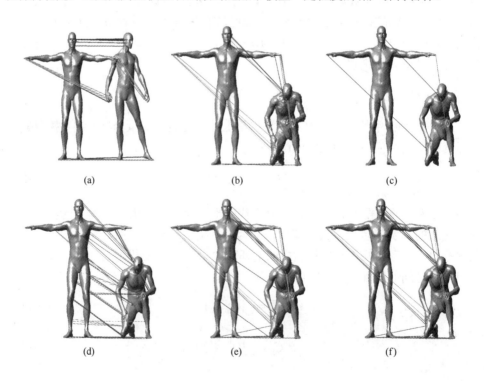

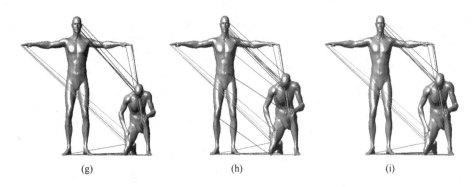

(g)   (h)   (i)

图 4-3 分层配准算法在 SHREC 2010 特征检测与描述数据集上配准结果示意图

（a）等距变换；（b）噪声；（c）散粒噪声；（d）孔洞；（e）微孔；（f）重采样；（g）尺度变换；（h）局部尺度变换；（i）拓扑变换

从图 4-3（f）中可以看出，对三维几何模型进行重采样，分层配准算法能够准确地完成非刚性模型的配准。这是因为重采样不会影响热核函数和同源聚类的计算，算法能够稳定地提取模型的特征点和特征区域，对模型进行树形表示。

从图 4-3（g）和（h）中可以看出，模型的尺度变换和局部尺度变换不会影响分层配准算法的性能，这是因为热核函数具有尺度不变的特性。

从图 4-3（i）中可以看出，在模型的拓扑变换下，三维非刚性模型分层配准算法的性能未受影响，这是因为模型拓扑的变换并未影响模型特征点和特征区域的提取。

从图 4-3（c）和（d）中可以看出，对模型施加散粒噪声或者孔洞，模型的配准失败。这是因为散粒噪声或孔洞的施加改变了模型的几何特性，导致特征点和特征区域的提取失败。

4. 定量分析

本节将本章提出的分层配准算法与多维尺度变换算法[27]、博弈论算法[89]进行对比分析，采用式（4-13）中的测地线距离误差作为算法性能优劣的判别准则，并对结果进行讨论。

如表 4-1 所示为本章提出的分层配准算法和多维尺度变换算法、博弈论算法在 SHREC 2010 特征检测与描述数据集上的平均测地线距离误差。如文献[89]所述，博弈论算法能够提取并匹配平均 50 个特征点，类似地，本章提出的分层配准算法能够匹配大约 65 个特征点，如图 4-3 所示。

表 4-1　三种模型配准算法在 SHREC 2010 特征检测与描述数据集上的平均测地线距离误差

算法	强度（1）	强度（≤2）	强度（≤3）	强度（≤4）	强度（≤5）
多维尺度变换算法	39.92	36.77	35.24	37.40	39.10
博弈论算法	10.28	12.51	11.73	14.35	18.26
分层配准算法	6.75	7.14	8.10	7.68	8.47

从表 4-1 中可以看出，分层配准算法能够显著地减少特征点匹配的误差，并且随着等级的增加，三维非刚性模型配准的精度提升越来越明显。值得指出的是，当模型变换的等级大于 4 时，多维尺度变换算法的误差将近 40，而分层配准算法的误差为 8 左右，不到博弈论算法误差的一半。

如表 4-2 所示为本章提出的分层配准算法在 SHREC 2010 特征检测与描述数据集上不同的模型变换和变换等级下，特征点匹配的平均测地线距离误差。从表 4-2 中可以看出，本章提出的分层配准算法在所有的模型变换情况下，都具有较小的模型配准误差。

在模型的等距变换、尺度变换、局部尺度变换、微孔和噪声情况下，特征点匹配的误差在 5 左右，这是由热核函数的特性决定的。热核函数对模型的等距变换保持鲁棒，具有尺度不变的特性，并对模型的局部扰动保持稳定。

对模型进行重采样或者增加孔洞，分层配准算法的误差增加，平均误差在 8 左右，这是由特征点的缺失所造成的。

对模型施加散粒噪声，分层配准算法的误差显著增大，均大于 10。同时，变换等级越大，误差越高，由 10 左右增加到 12 左右。这是因为散粒噪声为模型增加了很多大的突起，改变了模型的几何特征。

在模型的拓扑变换下，算法的特征点匹配误差均大于 6，并且随着变换等级的增加由 6 左右增大到 8.45。这是因为分层配准算法使用测地线距离计算模型配准的目标函数，而模型的拓扑变换会影响测地线距离的计算。

表 4-2　分层配准算法在 SHREC 2010 特征检测与描述数据集上不同模型变换下的平均测地线距离误差

模型变换	强度（1）	强度（≤2）	强度（≤3）	强度（≤4）	强度（≤5）
等距变换	4.73	4.24	3.47	4.98	5.27
拓扑变换	6.07	7.32	7.04	8.27	8.45
孔洞	7.13	6.35	6.78	8.47	8.31
微孔	4.12	5.78	6.07	6.78	7.01
尺度变换	4.72	4.24	4.38	4.54	5.34
局部尺度变换	4.47	4.76	5.28	5.37	5.40

续表

模型变换	强度（1）	强度（≤2）	强度（≤3）	强度（≤4）	强度（≤5）
重采样	7.78	8.24	10.65	8.21	7.61
噪声	5.56	7.249	7.79	8.20	8.85
散粒噪声	10.08	10.50	11.39	11.57	12.03
平均值	6.07	6.52	6.98	7.38	7.59

5. 运行时间分析

如表 4-3 所示为本章提出的分层配准算法与多维尺度变换算法、博弈论算法在 SHREC 2010 特征检测与描述数据集上的平均时间消耗。从表 4-3 中可以看出，分层配准算法需要 0.1s 来计算两个三维几何模型之间的配准，与博弈论算法相比，本章提出的算法将模型配准的速度提升了 350 倍。本章提出的算法在 64 位 Windows 操作系统下运行，使用的 CPU 为 Intel Core-i7（3.40GHz），内存为 32GB。

表 4-3　三种模型配准算法的平均时间消耗

算法	耗时/s
多维尺度变换算法	260
博弈论算法	35
分层配准算法	0.1

4.3　基于均衡化函数匹配的三维非刚性模型配准

本节将三维非刚性模型的配准问题由点的匹配推广到定义在模型上的函数的匹配，提出了基于均衡化函数匹配的模型配准（BFSM）算法。该算法的基本思想是，通过为模型的函数空间选取特定的基函数，模型的非刚性变换可以使用一个矩阵来表示，在函数空间中对模型采样点的指示函数迭代地进行双向最近邻搜索，可以从模型的函数匹配矩阵中计算出点的匹配，从而实现模型的配准。

4.3.1　函数匹配

将三维几何模型 S 抽象描述为一个紧致、连通的二维黎曼流形 M（可能存在边界），M 具有标准的体积测度 μ。令 $L^2(M) = \left\{ f : M \to \mathbb{R} \mid \int_M f^2 \mathrm{d}\mu < \infty \right\}$ 表示定义在 M 上的平方可积的函数空间，$L^2(M)$ 的标准内积定义为 $\langle f, g \rangle_M = \int_M fg\mathrm{d}\mu$。令 $\{\Phi_i, i \geqslant 1\}$ 表示函数空间 $L^2(M)$ 的标准正交的基函数，满足约束条件如下所示：

$$\langle \Phi_a, \Phi_b \rangle = \begin{cases} 0, & a \neq b \\ 1, & a = b \end{cases} \tag{4-14}$$

则对于函数空间 $L^2(M)$ 中的任意函数 $f \in L^2(M)$，可以表示如下：

$$f = \sum_{i \geqslant 1} \langle f, \Phi_i \rangle \Phi_i \tag{4-15}$$

1. 函数匹配的定义

给定两个二维的黎曼流形 M 和 N，它们之间的满射定义为 $T : M \to N$。对于任意函数 $f \in L^2(M)$，根据 $g = f \circ T^{-1}$（此处为复合函数），可得其对应的定义在 N 上的函数 $g \in L^2(N)$。

由此，定义三维模型之间的函数匹配 T_F，如下所示：

$$T_F : L^2(M) \to L^2(N) \tag{4-16}$$

满足约束条件 $T_F(f) = g$。

函数匹配 T_F 是基于点的匹配 T 的函数表示，当匹配函数 f 和 g 分别为 M 和 N 采样点的指示函数时，T 可以看作 T_F 的特例。因此，函数匹配是对基于点的匹配的推广。

令 $\{\Phi_i^M, i \geqslant 1\}$ 和 $\{\Phi_i^N, i \geqslant 1\}$ 分别表示函数空间 $L^2(M)$ 和 $L^2(N)$ 的标准正交的基函数。由式（4-15）可知，对于任意函数 $f \in L^2(M)$，N 上对应的函数 $g \in L^2(N)$ 可通过函数匹配 T_F 求得，如下所示：

$$\begin{aligned} g &= T_F(f) \\ &= T_F\left(\sum_{i \geqslant 1} \langle f, \Phi_i^M \rangle \Phi_i^M \right) \\ &= \sum_{i \geqslant 1} \langle f, \Phi_i^M \rangle T_F(\Phi_i^M) \\ &= \sum_{j \geqslant 1} \sum_{i \geqslant 1} \langle f, \Phi_i^M \rangle \langle T_F(\Phi_i^M), \Phi_j^N \rangle \Phi_j^N \end{aligned} \tag{4-17}$$

令 $a_i = \langle f, \Phi_i^M \rangle$，则函数 f 在基函数 $\{\Phi_i^M, i \geqslant 1\}$ 上的投影为 $(a_1, a_2, \cdots, a_i, \cdots)$，函数 f 可使用基函数线性地表示，如下：

$$f = \sum_{i \geqslant 1} a_i \Phi_i^M \tag{4-18}$$

令 $c_{ij} = \langle T_F(\Phi_i^M), \Phi_j^N \rangle$，根据式（4-17）和式（4-18），可得函数空间 $L^2(N)$ 中的函数 g 基于基函数 $\{\Phi_j^N, j \geqslant 1\}$ 的线性表示，如下：

$$g = \sum_{j \geqslant 1} \sum_{i \geqslant 1} a_i c_{ij} \varPhi_j^N \qquad (4\text{-}19)$$

由此可得

$$T_F \left(\sum_{i \geqslant 1} a_i \varPhi_i^M \right) = \sum_{j \geqslant 1} \sum_{i \geqslant 1} a_i c_{ij} \varPhi_j^N \qquad (4\text{-}20)$$

因此，T_F 可以看作一个线性算子，通过线性变换将函数 f 在函数空间 $L^2(M)$ 中的投影 $(a_1, a_2, \cdots, a_i, \cdots)$ 转换为函数空间 $L^2(N)$ 中的投影 $\left(\sum_{i \geqslant 1} a_i c_{i1}, \sum_{i \geqslant 1} a_i c_{i2}, \cdots, \sum_{i \geqslant 1} a_i c_{ij}, \cdots \right)$。该线性变换可以由矩阵 $C = (c_{ij})$ 表示，与函数 f 无关，完全由基函数 $\{\varPhi_i^M, i \geqslant 1\}$、$\{\varPhi_j^N, j \geqslant 1\}$ 以及 M 和 N 之间的映射 T 所决定。因此，求两个三维几何模型之间的函数匹配 T_F，就是在满足某些映射约束条件下求解 C。

2. 基函数的选取

函数匹配 T_F 能够用矩阵 $C = (c_{ij})$ 表示，因而可以使用标准的线性代数方法，运算简单。基函数的选取决定了基于函数匹配操作的复杂度和鲁性。"简洁"是指定义在三维几何模型上的函数可以使用较小的基函数集合来表示，因此矩阵 C 维度适中。"鲁棒"指的是在三维模型发生形变的情况下，基函数所描述的函数空间保持稳定，因此矩阵 C 保持不变。

拉普拉斯-贝尔特拉米算子 $\Delta_M : L^2(M) \to L^2(N)$ 是欧氏空间中的拉普拉斯算子在黎曼流形上的推广。Δ_M 是作用于二阶可微函数 f 上的二阶微分算子，描述了 M 上的点与其邻域在函数值上的差异，其定义为函数梯度的散度，如下：

$$\Delta_M (f) = \nabla^2 f \qquad (4\text{-}21)$$

对 Δ_M 进行特征分解 $\Delta_M \varPhi_i = \lambda_i \varPhi_i$，可得特征值 $0 = \lambda_1 \leqslant \lambda_2 \leqslant \cdots$ 和相应的特征向量 $\{\varPhi_i, i \geqslant 1\}$。$\{\varPhi_i, i \geqslant 1\}$ 提供了函数空间 $L^2(M)$ 的一组标准正交基函数，它们按照频率由高到低依次排列，为定义在三维几何模型上的函数提供了一种多尺度的描述；同时，在三维几何模型近似等距变换的情况下，前 n 个特征函数所描述的函数空间保持稳定。

因此，对于存在非刚性变换 T 的两个三维模型 M 和 N，选取拉普拉斯-贝尔特拉米算子的前 n 个特征函数 $\{\varPhi_i, 1 \leqslant i \leqslant n\}$ 作为函数空间 $L^2(M)$ 和 $L^2(N)$ 的基函数。由式（4-14）可知，若 T 为等距变换，函数匹配矩阵 C 的元素 c_{ij} 为非零值，当且仅当特征函数 $\varPhi_i^M$ 和 $\varPhi_j^N$ 对应相同的特征值，即 $i = j$，则表示它们之间函数匹配 T_F 的矩阵 C 是稀疏矩阵；如果该非刚性变换为近似等距变换，C 仍然逼近于稀疏矩阵。

如图 4-4 所示为两个三维几何模型（TOSCA 数据集[27]中的"猫"模型）之间的三种配准方式：标准映射、左右对称映射以及头尾映射。使用拉普拉斯-贝尔特拉米算子的前 20 个特征函数作为函数空间基函数，函数匹配 T_F 用矩阵 $C_{20 \times 20}$ 的热图表示；基于点的匹配用模型上的颜色对应来表示。从图 4-4 中可以看出，在近似标准映射下，函数匹配矩阵为稀疏矩阵，并且近似为对角阵，而头尾映射的矩阵不具有稀疏性。

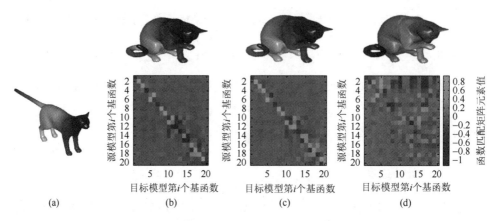

图 4-4　两个"猫"模型的三种配准方式及其函数匹配矩阵示意图

（a）源模型；（b）标准映射；（c）左右对称映射；（d）头尾映射

3. 函数匹配的计算

给定两个三维几何模型 M 和 N，$\{\varPhi_i^M, 1 \leqslant i \leqslant n\}$ 和 $\{\varPhi_j^N, 1 \leqslant j \leqslant n\}$ 分别表示定义在 M 和 N 上的拉普拉斯-贝尔特拉米算子的前 n 个特征函数。与基于点的匹配 T 相比，函数匹配 T_F 更适用于模型的对齐，因为很多约束条件在函数匹配中以线性的方式表示。

给定一个匹配的函数对 $f \in L^2(M)$ 和 $g \in L^2(N)$，定义向量 $a = (a_1, a_2, \cdots, a_n)$、$b = (b_1, b_2, \cdots, b_n)$ 分别为函数 f、g 在函数空间 $L^2(M)$ 和 $L^2(N)$ 上的投影。由式（4-20）可知，f 和 g 之间的匹配可以表示为 $Ca = b$。因此，函数匹配的约束条件可以由矩阵 C 线性描述，可以通过提供足够多的函数约束条件求解函数匹配。

4. 特征函数的匹配

特征函数的匹配要求函数匹配尽可能地满足基于点的局部特征函数之间的对应关系。令函数 f 和 g 分别表示两个三维几何模型上特征点的 k 维局部特征描述函数，即 $f(x) = (f_1(x), f_2(x), \cdots, f_n(x))$，$g(x) = (g_1(x), g_2(x), \cdots, g_n(x))$，$f(x), g(x) \in \mathbb{R}^k$，则特征描述子的每一维都为模型的函数匹配提供了一个约束条件。

本章采用文献[11]和文献[16]中提出的 m 维热核签名函数 $HKS(x)$ 和 n 维波动

核签名函数 WKS(x)，构成 $m+n$ 维的特征描述函数，作为函数匹配的约束条件，如下所示：

$$f(x) = (\text{HKS}_1(x), \cdots, \text{HKS}_m(x), \text{WKS}_1(x), \cdots, \text{WKS}_n(x)) \qquad (4\text{-}22)$$

函数 $g(x)$ 同理。

5. 关键点的匹配

关键点的匹配要求函数匹配尽可能地满足模型上关键点之间的对应关系。给定两个三维几何模型 M 和 N 之间关键点的对应关系 $T(P_M) = P_N$，其中 $P_M = \{p_M^i \in M, 1 \leqslant i \leqslant n\}$，$P_N = \{p_N^i \in N, 1 \leqslant i \leqslant n\}$，$n$ 表示模型上关键点的个数。

令函数 f 和函数 g 分别表示两个三维几何模型上的点到相应关键点的距离函数，即 $f_i(x) = \text{GD}(x, p_M^i)$，$g_i(y) = \text{GD}(y, p_M^i)$，$f_i(x), g_i(x) \in \mathbb{R}$。其中，$\text{GD}(\cdot, \cdot)$ 计算两点之间的测地线距离。因此，基于每一个关键点的距离函数都为模型的函数匹配提供了一个约束条件。

本章采用文献[90]中提出的基于同源一致性的关键点检测（pHKS）算法，提取模型 M 和 N 上的前 k 个显著性较高的关键点，构造 k 维的距离函数，作为函数匹配的约束条件，如下所示：

$$f(x) = (f_1(x), \cdots, f_i(x), \cdots, f_k(x)) \qquad (4\text{-}23)$$

其中，$1 \leqslant i \leqslant k$。函数 $g(x)$ 同理。

6. 显著性区域的匹配

显著性区域的匹配要求函数匹配尽可能地满足模型上显著性区域之间的对应关系。给定两个三维几何模型 M 和 N 之间显著性区域的对应关系 $T(R_M) = R_N$，其中 $R_M = \{r_M^i, 1 \leqslant i \leqslant n\}$，$R_N = \{r_N^i, 1 \leqslant i \leqslant n\}$，$n$ 表示模型上显著性区域的个数。

令函数 f 和 g 分别表示两个三维几何模型上显著性区域的指示函数 $\delta_i(x)$，其定义如下所示：

$$\delta_i(x) := \begin{cases} 1, & x \text{匹配} r_M^i \\ 0, & \text{其他} \end{cases} \qquad (4\text{-}24)$$

因此，基于每一个显著性区域的指示函数都为模型的函数匹配提供了一个约束条件。

本章采用文献[90]中提出的标量域聚类演变算法，提取模型 M 和 N 上的前 k 个显著性较高的区域，构造 k 维的距离函数，作为函数匹配的约束条件，如下所示：

$$f(x) = (\delta_1(x), \cdots, \delta_i(x), \cdots, \delta_k(x)) \qquad (4\text{-}25)$$

其中，$1 \leqslant i \leqslant k$。函数 $g(x)$ 同理。

4.3.2　基于均衡化函数匹配的模型配准

给定两个三维几何模型 M 和 N，用具有 k 个节点的三维网格曲面 M 和 N 来表示。M 和 N 之间存在非刚性变换，近似为等距变换 $T: M \rightarrow N$。假定 M 和 N 之间的函数匹配 T_F 已知，其匹配矩阵为 C。

将拉普拉斯-贝尔特拉米算子基函数 Φ^M、$\Phi^N \in \mathbb{R}^{n \times k}$ 看作模型 M 和 N 的前 n 个特征函数，满足 $(\Phi^M)^T \Phi^M = I_k$。Φ^N 同理。使用置换矩阵 $P \in \{0,1\}^{n \times n}$ 表示模型之间基于点的匹配。因此，函数匹配矩阵 C 可以由拉普拉斯-贝尔特拉米算子的基函数 Φ^M、Φ^N 和置换矩阵 P 表示，如下所示：

$$C = (\Phi^N)^T P \Phi^M \tag{4-26}$$

其中，$C = (c_{ij}) \in \mathbb{R}^{k \times k}$，秩为 k。矩阵 C 是对函数匹配 T_F 的近似。

根据函数匹配 T_F 计算基于点的匹配 T，实现模型的配准，就是在已知函数匹配矩阵 C 和基函数 Φ^M、Φ^N 的情况下计算置换矩阵 P，如下所示：

$$P' = \underset{P \in \{0,1\}^{n \times n}}{\arg \min} D(C, (\Phi^N)^T P \Phi^M) \tag{4-27}$$

满足 $P^T 1 = 1$，$P 1 = 1$。这里 $D(\cdot, \cdot)$ 表示某一种距离的度量。

定义三维几何模型 M 上点 x 的指示函数 $\delta_x: M \rightarrow \{0,1\}$，如下所示：

$$\delta_M(x) := \begin{cases} 1, & y = x \\ 0, & \text{其他} \end{cases} \tag{4-28}$$

其中，$y \in M$。将 $\delta_M(x)$ 表示为拉普拉斯-贝尔特拉米基函数 $\{\Phi_i^M, 1 \leqslant i \leqslant n\}$ 的线性组合，如下所示：

$$\begin{aligned} \delta_M(x) &= (\Phi^M)^T \delta_M(x) \sum_{1 \leqslant i \leqslant n} \Phi_i^M \\ &= \sum_{1 \leqslant i \leqslant n} \Phi_i^M(x) \Phi_i^M(x) \end{aligned} \tag{4-29}$$

则函数 $\delta_M(x)$ 在拉普拉斯-贝尔特拉米基函数上的投影为 $\{\Phi_1^M(x), \cdots, \Phi_n^M(x)\}$。

根据函数匹配式（4-20），可得模型 M 上的点 x 在 N 上对应点 x' 的指示函数 $\delta_M(x')$，即其在函数空间 $L^2(N)$ 中的投影，如下所示：

$$\begin{aligned} \delta_M(x') &= T_F(\delta_M(x)) \\ &= C \Phi^M(x) \end{aligned} \tag{4-30}$$

则通过计算 $C \Phi^M(x)$，可得 M 上所有点的指示函数在模型 N 函数空间的投影。

由此，式（4-27）转化为线性分配问题，如下所示：

$$P' = \underset{P \in \{0,1\}^{n \times n}}{\arg \min} \| C (\Phi^N)^T - (\Phi^M) P \|_F^2 \tag{4-31}$$

满足约束条件 $P^T 1 = 1$，$P 1 = 1$。其中，F 表示 Frobenius 范数。计算的复杂度由模型上采样点的个数 k 决定。

为了解决一对多的点匹配问题[6]，进一步引入约束条件，如下所示：

$$P' = \underset{PQ \in \{0,1\}^{n \times n}}{\arg \min} (\| C(\Phi^N)^T - (\Phi^M)P \|_F^2 + \| C(\Phi^N)^T Q - \Phi^M \|_F^2) \qquad (4\text{-}32)$$

满足约束条件 $P^T 1 = 1$，$P 1 = 1$，$Q^T 1 = 1$，$Q 1 = 1$。

为了降低计算的复杂度，将线性分配问题式（4-32）转化为最近邻搜索问题，在由基函数 Φ^M 和 Φ^N 构成的特征空间中对 P 和 Q 迭代地进行优化，计算得到的矩阵（P 或 Q），即为最终基于点匹配的置换矩阵。

4.3.3 实验分析

本节进行了一系列的实验以验证提出的 BFSM 算法的有效性。首先，在 TOSCA 数据集[27]上，分别讨论了不同的拉普拉斯-贝尔特拉米算子的离散化方法以及特征函数的数量对算法精确度的影响。然后，分别在 TOSCA 数据集和 SCAPE 数据集[5]上测试了算法的性能，并与当前最好的算法进行对比。

1. 评价标准

遵循文献[91]中的方法，采用平均测地线距离误差（Average Geodesic Error，AGE）和匹配率评估模型配准的准确率。

给定两个三维几何模型 M_1 和 M_2 之间的配准方式 $f: M_1 \to M_2$ 以及真实值 $f_{\text{true}}: M_1 \to M_2$。对于模型 M_1 上的每一个点 $p \in M_1$，其配准误差为 p 点在模型 M_2 上的预测值 $f(p)$ 与真实值 $f_{\text{true}}(p)$ 之间的测地线距离 $d_{M_2}(f(p), f_{\text{true}}(p))$。

因此，模型配准算法的平均测地线距离误差 $\text{Err}(f, f_{\text{true}})$ 计算如下所示：

$$\text{Err}(f, f_{\text{true}}) = \sum_{p \in M_2} d_{M_2}(f(p), f_{\text{true}}(p)) \qquad (4\text{-}33)$$

为了消除模型尺度变换的影响，使用模型的表面面积对平均测地线距离误差进行归一化，如下所示：

$$\text{Err}(f, f_{\text{true}}) = \sum_{p \in M_2} d_{M_2}(f(p), f_{\text{true}}(p)) / \text{Area}(M_2) \qquad (4\text{-}34)$$

其中，$\text{Area}(M_2)$ 计算模型 M_2 的表面面积。

给定某个测地线距离误差 r，对于模型 M_1 上的每一个点 $p \in M_1$，若其在模型 M_2 上的预测值 $f(p)$ 与真实值 $f_{\text{true}}(p)$ 之间的测地线距离 $d_{M_2}(f(p), f_{\text{true}}(p)) \leqslant r$，则称点 p 被正确匹配到。匹配率 $M(r)$ 定义为在测地线距离误差 r 下，正确匹配到的点所占的比例。

2. TOSCA 数据集上的性能

TOSCA 数据集包含 9 类三维几何模型，分别为 Cat（猫）、Centaur（半人马）、David（大卫）、Dog（狗）、Gorilla（大猩猩）、Horse（马）、Michael（迈克尔）、Victoria（维多利亚）以及 Wolf（狼）。每一类模型包括一个对称性的空模型及其经过近似等距变换得到的形变模型，共有 80 个模型。形变模型与其相应的空模型之间顶点的匹配为先验知识，称为真实值。三维几何模型上点的数量范围为 5000～50000。

本节首先在 TOSCA 数据集的"猫"模型上，评估了不同的参数对 BFSM 算法的影响，即拉普拉斯-贝尔特拉米算子的离散化方法以及特征函数的数量 n_E。如图 4-5 所示为 TOSCA 数据集中的"猫"模型及其四种形变模型示意图。

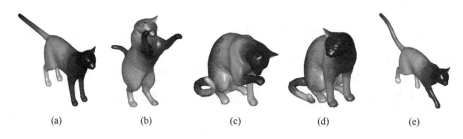

(a)　　　　　　　(b)　　　　　　　(c)　　　　　　　(d)　　　　　　　(e)

图 4-5　TOSCA 数据集中的"猫"模型及其四种形变模型示意图

（a）空模型；（b）猫模型 1；（c）猫模型 2；（d）猫模型 6；（e）猫模型 10

对于空模型（图 4-5（a））及其四种形变模型（图 4-5（b）～（e）），根据真实值计算它们之间的函数匹配矩阵，然后使用 BFSM 算法由函数匹配计算模型上点的匹配，并使用平均测地线距离误差对算法的准确率进行度量。本节测试了两种广泛使用的拉普拉斯-贝尔特拉米算子的离散化方法，即基于余切权重的拉普拉斯-贝尔特拉米算子离散化方法——CWS（Cotangent Weight Scheme）以及面积归一化的基于余切权重的拉普拉斯-贝尔特拉米算子离散化方法——ANCWS（Area Normalized Cotangent Weight Scheme）[11]，特征函数数量的范围为 1～300。实验结果如图 4-6 所示。

从图 4-6 中可以看出，基于余切权重的拉普拉斯-贝尔特拉米算子离散化方法 CWS 能够更简洁地表示函数匹配，即在使用相同的特征函数个数的情况下具有较小的配准误差。这是因为在模型的变换中表面面积会发生改变，而面积归一化的离散化方法更容易受到面积变化的影响。

另外，从图 4-6 中可以看出，随着特征函数的数量从 1 增加到 50，平均测地线距离误差显著地降低，这是因为特征函数数量的增多提高了函数空间对匹配函数描述的准确度。当 BFSM 算法只使用 30～40 个特征函数时，就具有较小的误差，能够很好地编码模型配准的信息。值得注意的是，随着特征函数数量的增多，函数匹配矩阵的维度增加，内存的开销变大。

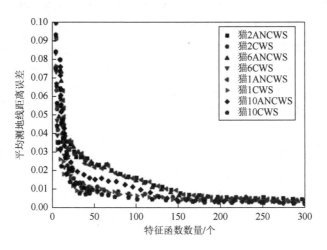

图 4-6　BFSM 算法在 TOSCA 数据集的"猫"模型上的性能

本节在 TOSCA 数据集上测试了 BFSM 算法的有效性，采用匹配率评估算法的性能，并与当前最好的函数匹配（Functional Map，FM）算法、混合的本征映射（Blended Intrinsic Map，BIM）算法进行比较。实验结果如图 4-7 所示。

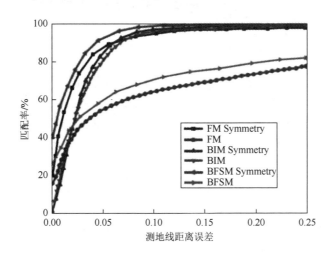

图 4-7　三种模型配准算法在 TOSCA 数据集上的性能

从图 4-7 中可以看出，随着测地线距离误差的增加，成功匹配的点的数量明显地增加。当测地线距离误差为 0 时，BFSM 算法能够准确地找到几乎 40% 的匹配点，显著地超过了当前最好的基于函数匹配的模型配准算法的 20%。当测地线距离误差为 0.10 左右时，BFSM 算法能够准确地完成模型的配准，而基于函数匹配的模型配准算法达到匹配率 100% 时，需要 0.15 左右的测地线距离误差值。从图中可以看出，本章提出的 BFSM 算法明显地提升了当前模型配准算法的性能。这是因为 BFSM 算法通过将点的匹配转换为函数匹配，模型配准的约束条件可以使用矩阵线性地表示，如特征函数、关键点和显著性区域的匹配。FM 算法存在一对多的点匹配问题，而本章提出的 BFSM 算法通过引入额外的约束条件（见式（4-32）），有效地提高了模型配准的精确度。

值得注意的是，FM 算法、BFSM 算法不能区分模型的对称点，而 FM Symmetry 算法、BFSM Symmetry 算法、BIMS ymmetry 算法认为对称点也为匹配点的真实值。通过添加区分模型对称点的函数作为函数匹配的约束条件，可以显著地提升 BFSM 算法的性能。

3. SCAPE 数据集上的性能

本节在 SCAPE 数据集上测试了 BFSM 算法，采用匹配率评估算法的性能，并与当前最好的 FM 算法[6]、BIM 算法[91]进行比较。实验结果如图 4-8 所示。

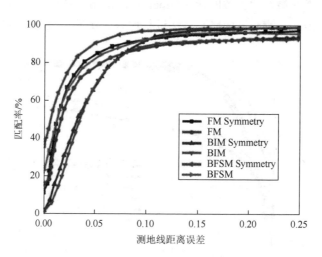

图 4-8　三种模型配准算法在 SCAPE 数据集上的性能

从图 4-8 中可以看出，本章提出的 BFSM 算法显著地提升了当前算法的性能。特别地，当测地线距离误差为 0 时，BFSM 算法能够准确找到约为 40% 的匹配点，明显优于 FM 算法和 BIM 算法。

4.4　本　章　小　结

　　本章针对三维非刚性模型配准这一任务，根据不同的非刚性变换的表示方式，介绍了两种算法，即基于分层策略的模型配准算法和基于均衡化函数匹配的模型配准算法。基于分层策略的模型配准算法使用树形结构表示一个三维几何模型，并据此提出了分层配准方法。基于均衡化函数匹配的模型配准算法将模型上点的匹配推广到函数的匹配，通过选取拉普拉斯-贝尔特拉米算子的特征函数作为函数空间的基函数，模型的非刚性变换可以使用矩阵表示。在函数空间对点的指示函数迭代地进行双向最近邻搜索，从模型的函数匹配矩阵中计算出点的匹配，从而实现模型的配准。在 TOSCA、SHREC 2010 特征检测与描述和 SCAPE 数据集上进行实验，验证了所提算法的有效性。

第5章 三维目标姿态估计

5.1 引　　言

本章以头部姿态为例，介绍三维目标姿态估计。头部姿态信息是研究人类行为和注意力的重要指标。在人际交往中，人们通过改变头部姿态传达信息，如同意、理解、反对、迷惑等。头部姿态估计可以为许多人脸相关任务提供关键信息，如人脸识别、面部表情识别、驾驶姿势预测等。因此，头部姿态估计成为计算机视觉和模式识别领域的一个热门的研究方向[36]。

在计算机视觉领域，头部姿态估计是指计算机通过算法对输入图片或者视频进行分析和预测，从而确定人物的头部在三维空间中的姿态信息，即俯仰角（Pitch）、侧倾角（Roll）和偏航角（Yaw）。可靠的头部姿态估计算法具有以下特点：对大尺度的姿态变化保持鲁棒，能够有效地处理遮挡，实时性较高，资源消耗低等[42]。针对上述问题，本章直接采用点云数据作为输入来进行头部姿态估计，介绍一种新的深度学习框架 HPENet。方法的主要思想是，将头部姿态估计抽象为回归问题，对于输入的无序排列和非均匀分布的点云，通过深度网络提取鲁棒的头部特征，用于头部姿态的估计。为了解决点云数据存在的非均匀采样和无序排列问题，HPENet 分别引入了分组采样层和特征提取层，从而提高三维头部姿态估计特征提取的准确性。HPENet 能够直接处理点云数据，结构简单，准确度高，更能适用于快速、可靠的人脸分析任务。

5.2　点云深度学习

点云数据是三维几何信息的一种表示方式，是由一系列的点组成的集合 $\{p_i = (x_i, y_i, z_i) \mid i = 1, 2, \cdots, N\}$。其中，$p_i$ 代表点云中的元素；(x_i, y_i, z_i) 为其三维空间坐标；N 表示点的数目。此外，点云也可以用一个 $N \times 3$ 的矩阵来表示。与三维网格（Mesh）相比，点云数据结构简单，对几何信息的表示统一，更适用于深度网络的学习[47]。

传统的深度学习以规则的数据为输入，如二维图像网格或三维网格，能够实现网络权重共享，进行卷积操作。卷积神经网络在各种任务中成功应用的关键在于，卷积算子能够有效地利用规则数据的空间局部相关性[92, 93]。而点云数据是一系列无序点的集合，无法直接应用卷积操作。同时，点云采样密度不均匀增加了将深度学习应用于点云数据的难度。因此，需解决点云深度学习存在的问题，以提高头部姿态估计的准确性。

5.2.1　点云无序性

点的顺序不会影响点云在空间中的整体几何表示，相同的点云可以由两个不同的矩阵表示，如图 5-1（a）所示。因此，深度网络架构提取的特征需要对点云的无序性保持鲁棒。即对于点云的不同矩阵表示 A 和 B，在特征提取时需保证提取的特征是相同的，如图 5-1（b）所示。

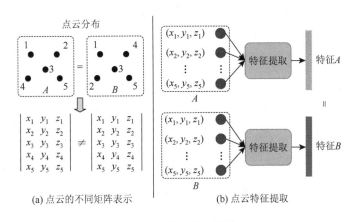

图 5-1　点云的无序性

5.2.2　采样非均匀性

点云非均匀采样密度是指在数据采集过程中，由透视变换、径向密度变化、目标运动等引起的点云数据的不规则分布。在这种非均匀的采样密度下，很难保证点集特征学习的鲁棒性。例如，针对稀疏点云区域训练的模型可能无法识别到密集区域更加细微的特征。

因此，所提出的方法应该能适用于不同密度下的特征提取，即对点云密集区域进行特征提取时，网络应该尽可能小范围地检查点集，以捕获密集采样区域中最细微的特征。然而，对于稀疏区域应该禁止这种检查，因为此时区域内的点数过少，容易导致采样不足。此时，应该在更大的区域内寻找更大的尺度提取特征。

5.3　头部姿态估计

本章介绍一种新的基于深度学习的三维点云头部姿态估计算法，即 HPENet。HPENet 以点云数据为输入，输出头部的姿态，用欧拉角（Euler Angle）表示，包括俯仰角（Pitch）、侧倾角（Roll）和偏航角（Yaw）。

5.3.1　整体结构说明

如图 5-2 所示，方法的整体结构由数据预处理和 HPENet 构成。数据预处理给出了头部三维点云数据的生成方法。HPENet 实现了对头部点云数据的姿态估计，其中特征提取模块采用 PointNet++模型[48]。PointNet++模型直接处理点云数据，并被成功应用于目标分类、检测和场景分割。

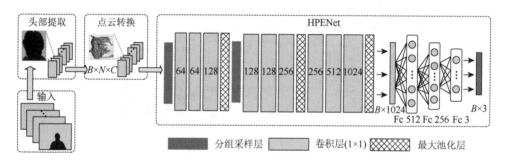

图 5-2　头部姿态估计整体框架

HPENet 直接以点云数据作为输入，其维度为 $B \times N \times C$，其中，B 是输入 Batch 的大小，N 为输入点云的点数，C 为点云的通道数。本章只采用点云的三维空间坐标作为输入，即 C 的值为 3。网络输出的是预测的头部姿态角度，其维度为 $B \times 3$。

HPENet 主要由分组采样层、特征提取层和全连接层三部分组成。

分组采样层主要实现对点集进行特征点采样和分组，两个分组采样层的特征点数目选取分别为 512 和 128，区域半径分别为 0.2 和 0.4。特征提取层主要实现对分组后的点云进行特征提取。该层依赖于特征提取对称函数，该函数由 3 个核为 1×1 的卷积层和 1 个最大池化层组成。HPENet 递归调用了三次该特征提取对称函数，每次卷积层输出通道数分别为（64，64，128）、（128，128，256）和（256，512，1024）。全连接层主要实现对输出的特征向量进一步处理，以预测头部姿态。其维度分别为 512,256 和 3。同时，为防止过拟合，加入了 Dropout 操作（$\sigma = 0.5$）。

由于头部姿态估计可看作一个多元回归问题，因此网络损失函数采用均方误差（MSE）来表示：

$$loss = \frac{1}{n}\sum_{i=1}^{n}(\bar{y}_i - y_i)^2 \tag{5-1}$$

其中，$\bar{y}$ 为数据集的真实值；y 为网络的预测值。特别注意，对俯仰角（Pitch）、侧倾角（Roll）和偏航角（Yaw）的损失计算是不能分开的，因为它们并不是完全独立的[36]。

5.3.2　数据预处理

深度传感器采集的是场景在某一视角下的三维几何信息，以深度图的形式保存。因此，需要对传感器采集的数据进行处理，以获得三维点云数据。

本章遵从文献[41]的做法，假定经过人脸检测已经获取到头部中心点 (x_H, y_H)，则头部的深度图片可由中心点为 (x_H, y_H)、宽和高分别为 w、h 的矩形框提取。w、h 的计算公式如下：

$$w = \frac{f_x \cdot R_x}{D}, \quad h = \frac{f_y \cdot R_y}{D} \tag{5-2}$$

其中，f_x、f_y 是传感器的内部参数，分别为水平和垂直焦距；R_x、R_y 表示人脸的平均宽度和高度（其值均设为 300mm）；D 为头部中心 (x_H, y_H) 的深度值。

由头部的深度图片生成相应的三维点云结构，就是将图像中的任意一点 (u,v) 从图像坐标系映射到世界坐标系，如下所示：

$$\begin{cases} x = d \cdot (u - u_0) / f_x \\ y = d \cdot (v - v_0) / f_y \\ z = d \end{cases} \tag{5-3}$$

其中，(x,y,z) 表示世界坐标系下的坐标值；(u_0, v_0) 是传感器的内部参数，分别表示图像坐标系在 x 和 y 方向相对于世界坐标系的偏移量；d 为点 (u,v) 处的深度值。

此外，神经网络要求输入数据的维度保持一致，为了将生成的头部三维点云数据用于深度网络架构，本章采用最远点采样算法处理生成的三维点云，使得采样后的点数相同。同时，为了加快网络训练的收敛速度、减少运算时间，分别对点云数据的三个通道进行标准化，使得数据的均值为 0，方差为 1。

5.3.3　下采样和分组

在对点云数据进行特征提取时，网络需要有效地处理非均匀采样密度的问题，以提高网络学习特征的鉴别力。本章在 HPENet 中引入分组采样层，将点云数据进行分层表示，用于后续点云由整体到局部的特征描述。

分组采样层由下采样和分组操作组成，下采样提取点云数据中的特征点，分组操作借助关键点将点云数据进行分组表示。HPENet 通过递归调用分组采样层，实现了点云数据的分层表示。

下采样采用最远点采样算法。对于一个给定的点集 $\{p_1, p_2, \cdots, p_n\}$，从中随机选取一点 p_i，找到距离该点最远的一个点 p_{ij} 放入新的集合。迭代上述过程，便能获得指定数目的采样点集 $\{p_{i1}, p_{i2}, \cdots, p_{ij}\}$，并将该点集中的点作为当前点云数据的特征点。与随机采样相比，最远点采样算法获得的点能够更好地覆盖整个点集[48]。

分组操作以提取的特征点 $\{p_{i1}, p_{i2}, \cdots, p_{ij}\}$ 为球心、按照特定的半径将不同区域的点进行分组，获得一个新的分组集合 $\{g_1, g_2, \cdots, g_j\}$，$g_j$ 表示由 p_{ij} 为球心特定半径内的所有点的集合，将该集合用于后续特征提取。

迭代上述下采样与分组操作，实现了点云的分层表示。分组采样层能够有效地解决点云数据存在的非均匀采样问题，使得网络能够学习到点云整体到局部的特征。

5.3.4　点云特征提取

本节首先给出了特征提取对称函数的公式及定理描述，通过该对称函数解决点云数据存在的无序性问题。然后，承接前述的分组采样，给出了详细的分层特征提取说明。

定义离散空间 $\chi = (P, d) \in \mathbb{R}^N$，其中点集 $P \subseteq \mathbb{R}^N$，d 是距离度量。对于给定一个无序点集 $\{p_i \in \mathbb{R}^N \mid i = 1, 2, \cdots, n\}$，通过分组采样获得新的分组集合 $\{g_1, g_2, \cdots, g_j\}$，定义一组函数 $f: \chi \to \mathbb{R}$ 将一组点映射到向量：

$$f(g_1, g_2, \cdots, g_3) \approx \upsilon\left(\max_{i=1,2,\cdots,j}\{\mu(g_i)\}\right) \tag{5-4}$$

其中，$f: \chi \to \mathbb{R}$；$\upsilon: \underbrace{\mathbb{R}^M \times \cdots \times \mathbb{R}^M}_{n} \to \mathbb{R}$；$\mu: \mathbb{R}^N \to \mathbb{R}^M$。$\mu$ 和 υ 通常采用多层感知器，max 采用最大池化函数。通过上述对称网络，可以学习到一组 f 来获取点集的不同特征，即输出一个向量 $[f_1, f_2, \cdots, f_M]$，它表示了点集整体到局部的特征。本章采用的点云特征提取方式能够拟合任意一个定义在点云数据上的连续函数，且最差的情况是将空间内等分成立方体，如定理 5.1 所示。

定理 5.1　假定 $f: \chi \to \mathbb{R}$ 是一个对于 Hausdorff 距离 $d_H(\cdot, \cdot)$ 的连续函数，$\forall \varepsilon > 0$，存在一个连续 μ 和一个对称函数 $\upsilon \circ \max$，使得 $\forall P \in \chi$ 都有

$$\left| f(P) - \upsilon\left(\max_{x_i \in P}\{\mu(x_i)\}\right) \right| < \varepsilon \tag{5-5}$$

其中，$x_1, \cdots, x_n$ 是任意顺序点集 P 的完整点云序列；υ 是一个连续函数；max 是

一个向量最大值操作，即输入 n 个向量并返回一个元素最大值的新向量；符号。是映射乘法，也就是应用了映射 max 后，再应用映射 υ 。

定理 5.1 表明，如果最大池化层有足够多的神经元，f 可以被该网络任意近似，即 M 取值足够大。通过这种近似，无序的点云能够被一个一般函数表示，从而解决点集的无序性问题。

此外，承接前面提到的特征分层提取，对于分组后的点云数据,本章通过对称函数中的多层感知机进行特征提取，提取示意图如图 5-3 所示。点集的特征由两个特征向量组成。特征向量 a 由 L_i 层所有点特征提取汇总而成，该层所有点特征由 L_{i-1} 层中每个分组特征获得。特征向量 b 是直接处理 L_{i-1} 层区域内所有原始点而获得的特征。对于点集稀疏区域，每个分组内包含较少的点，容易导致采样不足，使得第一个向量不如第二个向量可靠。因此，在训练时第二个向量学习到的权重会更高。另外，当对点集密集区域提

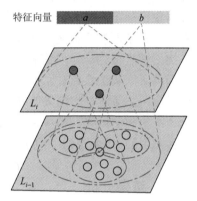

图 5-3　分层特征提取示意图

取特征时，在分组内提取特征具有更高的检测分辨率，获取到点云更精细的特征信息。因此在这种情况下，第二个向量学习到的权重会更高。训练时，网络按上述方式不断学习、调节权重，找到适合不同点云密度下提取特征的最优权重，从而有效地解决在非均匀密度下采样的问题。

5.4　实　验　分　析

为了验证本章提出的三维点云头部姿态估计网络 HPENet 的有效性，本节进行了一系列的实验。本节首先介绍了用于实验的公共数据集 Biwi Kinect Head Pose[42]。然后，测试了 HPENet 在头部姿态估计上的准确性，验证了不同密度下的点云输入对姿态预测鲁棒性的影响，还测试了该方法的时间消耗。

为了定量地评价头部姿态估计的准确性，本章遵循文献[41]的做法，采用评价指标 S 如下：

$$S = \alpha \pm \beta \tag{5-6}$$

其中，α 为所有真实值与预测值之差的绝对值的均值；β 为所有真实值与预测值之差的绝对值的标准差。

在超参数的选取上，Batch 的大小为 32，输入点云的点数为 4096，学习率为 0.001，衰减率为 0.9，衰减步长为 20000。

5.4.1　数据集

Biwi Kinect Head Pose 数据集[42]采用 Kinect 传感器采集，具有 15000 多张头部姿态图像，包括深度图和相应的 RGB 图，分辨率均为 640 像素×480 像素。数据集记录了 20 个不同人物（6 名女性和 14 名男性）的 24 个序列，其中一些人被记录了两次。因为深度图像的质量较低，头发、眼镜等对数据造成了一定干扰，使之成为一个具有挑战性的数据集。数据集给出了头部姿态的真实值，并提供了人物的头部中心位置和传感器的内置参数。为了和当前最好的算法进行对比，并保证对比结果的有效性，本章实验遵循文献[41]的做法，将数据集分为训练集和测试集。其中，测试集包括序列 11 和 12，约 1000 张图片；训练集包含剩余的 22 个序列，约 14000 张图片。

5.4.2　结果分析

本节对本章方法的实验结果进行了详细的分析和讨论。图 5-4 给出了损失函数训练时的变化曲线。

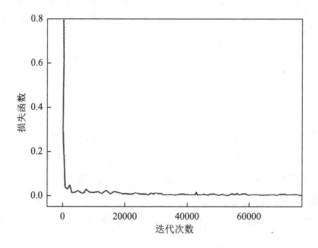

图 5-4　损失函数训练变化曲线

图 5-5 给出了本章方法在测试时，每帧图片的俯仰角、侧倾角和偏航角的真实值和预测值的变化曲线。从图 5-5 中可以看出，预测的头部姿态角度和数据集提供的真实值极其接近，即本章方法能够精确预测头部姿态角度。此外，当曲线中的角度值增大时（如图 5-5（b）角度大于 40°），预测的误差略有增加。这是因

为当头部偏转或俯仰角度增大时，所遮挡的头部区域变大，该区域具有的特征变少，从而使得预测更加困难。

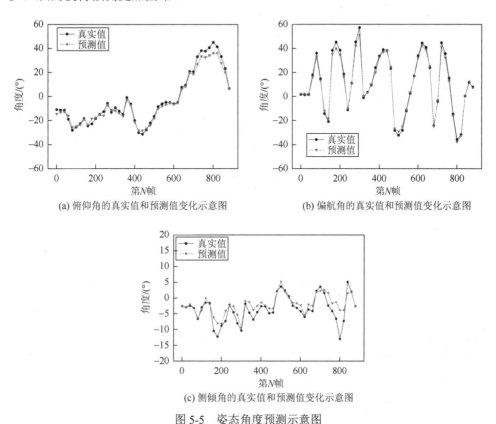

(a) 俯仰角的真实值和预测值变化示意图　　　　(b) 偏航角的真实值和预测值变化示意图

(c) 侧倾角的真实值和预测值变化示意图

图 5-5　姿态角度预测示意图

　　表 5-1 列出了本章方法和近几年的方法在公共数据集 Biwi Kinect Head Pose 上实验的结果对比。表 5-1 中给出了输入数据类型，以及俯仰角、侧倾角和偏航角三个角度的性能指标及平均性能。其中部分方法只提供了三个角度的误差的均值。从表 5-1 中可以看出，与其他方法相比，本章方法具有更小的误差，俯仰角、侧倾角和偏航角的误差均值分别为 2.3°、1.5°、2.4°。同时，本章方法的标准差约为 1.6°，小于其他方法，说明本章方法预测结果趋于准确值且波动更小。

　　表 5-2 列出了在 1024、2048 和 4096 三种不同输入点数下进行头部姿态估计的实验结果。从平均值来看，三种输入点数下，平均的误差值分别为 2.4°、2.2°、2.1°，三者差异极小。即输入点的数目变化对本章方法在头部姿态估计上的结果影响不大。点数越多所包含的几何信息也就越多，点云分布越稠密。这也说明了本章方法在非均匀采样密度下进行特征提取，具有较好的鲁棒性。

表 5-1　头部姿态估计在 **Biwi Kinect Head Pose** 数据集上的实验结果比较

方法	数据类型	俯仰角/(°)	侧倾角/(°)	偏航角/(°)	平均/(°)
Saeed	RGB + Depth	5.0±5.8	4.3±4.6	3.9±4.2	4.4±4.9
Papazov 等[44]	Depth	2.5±7.4	3.8±16.0	3.0±9.6	3.1±11.0
Borghi	Depth	2.3±2.7	2.1±2.2	2.8±3.3	2.4±2.7
Fathian 等[94]	RGB	11.2	8.7	11.8	10.5
QuaNet[36]	RGB	5.5	4.0	2.9	4.1
HPENet	Point Cloud	2.3±1.7	1.5±1.4	2.4±1.8	2.1±1.6

表 5-2　头部姿态估计在 **Biwi Kinect Head Pose** 数据集上的实验结果比较输入点云数目对实验结果的影响

输入点数	俯仰角/(°)	侧倾角/(°)	偏航角/(°)	平均/(°)
1024	2.5±1.9	1.8±1.7	2.8±2.0	2.4±1.9
2048	2.3±1.8	1.5±1.6	2.6±1.9	2.1±1.8
4096	2.3±1.7	1.5±1.4	2.4±1.8	2.1±1.6

　　为了更加直观地体现本章方法的性能，给出了测试中两个姿态角度较大的姿态预测示例，如图 5-6 所示。图 5-6（a）是测试输入的截取后的头部深度图，图 5-6（b）是头部点云真实姿态图，图 5-6（c）是头部点云预测姿态图。为了便于观察姿态角度，图 5-6（b）和（c）中在鼻尖用圆柱体标出。由于角度较大，面部遮挡更加严重，预测更加困难。但从图 5-6 中可以看出，真实姿态角度和网络预测的姿态角度差距不大，说明 HPENet 对于遮挡和姿态角度较大的图片依然具有鲁棒性。

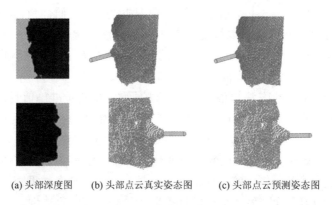

(a) 头部深度图　　(b) 头部点云真实姿态　　(c) 头部点云预测姿态图

图 5-6　姿态预测示例

表 5-3 列出了本章方法同其他方法在时间消耗上的比较。从表 5-3 中可以看出，在同种数据集和实验环境下，本章方法的时间消耗为 8ms/帧，远低于其他方法。这是由于本章提出的网络结构相比于其他采用 RGB 图或深度图为输入数据的网络更加简单。同时，本章方法直接处理点云数据，避免了将点云转化为多视角下的深度图或三维网格带来的数据冗余和计算复杂度高的问题。实验在 Ubuntu16.04 操作系统下运行，CPU 为 Intel Core-i7（3.40GHz），内存为 16GB，显卡为 NVIDIA GTX1080TI 11GB。

表 5-3　时间消耗比较

方法	每帧消耗时间/ms
Fanelli 等[42]	15
Yang 等[95]	40
Robinson 等[96]	27
HPENet	8

5.5　本 章 小 结

为了解决头部姿态估计问题，本章介绍了一种新的深度学习网络架构 HPENet，能够直接处理点云数据。在公共数据集 Biwi Kinect Head Pose 上的实验结果表明，相比于目前大多采用传统 RGB 图和深度图的方法，HPENet 具有更高的准确性。同时，本章方法结构简单，时间消耗低，能够应用在许多人脸相关任务中。后期将对网络进一步优化，以获得更好的效果，并应用于三维人脸检测、识别等任务中。

第6章 三维目标跟踪

6.1 引　　言

基于点云数据的三维时敏单目标跟踪是自动驾驶和机器人视觉等相关领域应用的基础[97]。现有的三维目标跟踪方法[53, 54]大都继承二维目标跟踪中的经验，对于 RGB 信息有很强的依赖性。但是当环境因素变化导致 RGB 信息退化时，这些方法的性能会变得很差甚至失效。三维点云数据描述场景的几何信息，其采集过程不受光照变化的影响，相较于 RGB 信息更适用于目标跟踪任务。然而，三维点云数据的不规则性、无序性和稀疏性导致传统二维目标跟踪的方法（如基于孪生神经网络的算法[98]）无法直接应用，为三维时敏单目标跟踪带来巨大的挑战。

为了解决上述问题，本章介绍一种基于深度霍夫优化投票的端到端时敏单目标跟踪算法。首先，从模板点云和搜索点云中提取种子点，采用面向目标的特征提取方法编码目标信息；然后，通过投票和筛选生成高置信度的潜在目标中心；最后，执行联合提议和验证生成预测结果。通过在 KITTI 数据集[99]上进行实验，本章介绍的方法在成功率和精准度上都显著优于当前最先进的方法[61]，并且可以在单个 NVIDIA 2080S 图形处理器上以 43.5 帧/秒运行。

本章的主要内容如下所述。

（1）介绍一种基于三维点云的端到端时敏单目标跟踪算法，该算法可以高效稳定地对场景中的时敏单目标进行持续跟踪，得到单目标连续的运动轨迹。

（2）介绍一种面向目标的特征提取方法，该方法充分挖掘模板和搜索空间中目标的相似性，将目标模板中的信息有效地编码到搜索空间中，为目标跟踪提供高鉴别力的特征信息，同时该方法对点云的无序性和不规则性保持鲁棒。

（3）介绍一种基于深度霍夫优化投票的时敏单目标跟踪算法，该算法能够筛选并编码目标局部信息，有效应对点云的稀疏性和目标运动过程中的外观变化。

（4）本章介绍的三维目标跟踪算法在 KITTI 数据集上取得当前最好的性能，同时具有较低的计算复杂度。

6.2　时敏单目标跟踪

给定目标模板点云 $P_{temp} = \{p_i = (x_i, y_i, z_i)\}_{i=1}^{N_t}$ 和搜索空间点云 $P_{sea} = \{s_i = (x_i,$

$y_i, z_i)\}_{i=1}^{N_2}$，目标跟踪算法预测目标在搜索空间中的位置信息 Φ。其中，N_1 代表模板点云中点的数量；N_2 代表搜索点云中点的数量；Φ 由目标中心的坐标以及 X-Y 平面的旋转角度构成。

本章提出的基于深度霍夫优化投票的时敏单目标跟踪算法以模板点云和搜索点云作为输入，由面向目标的特征提取、潜在目标中心的生成和筛选、联合提议和验证以及模板点云的更新四部分组成，如图 6-1 所示。面向目标的特征提取（图 6-1（a））使用 PointNet++提取模板点云 P_{temp} 和搜索点云 P_{sea} 的几何特征并生成模板种子点集 Q 和搜索种子点集 R，通过计算 Q 和 R 的相似度矩阵 T 将目标信息编码到搜索空间中，生成编码了目标信息的搜索种子点集 D；潜在目标中心的生成阶段（图 6-1（b）），每个编码后的搜索种子点 d_j 通过投票产生对应的潜在目标中心点 c_j，并基于置信度得分 B 从潜在目标中心 C 中筛选出具有高置信度的潜在目标中心 E；联合提议和验证阶段（图 6-1（c）），采样和聚集高可信度的潜在目标中心 E，产生 K 个提议，具有最高得分的提议作为最终的预测结果 Φ；模板点云的更新阶段（图 6-1（d））采用模板点云更新策略 γ，基于前一帧目标的预测结果更新模板点云 P_{temp}。该算法充分挖掘模板和搜索空间中目标的相似性，有效应对点云的无序性和不规则性以及目标外观变化，能够高效稳定地对场景中的时敏单目标进行持续跟踪。

单个目标表面的点可以直接生成目标提议，但是由于单个目标表面的点只捕获了目标的局部信息，无法有效地描述目标的全局信息，所以无法得到目标在三维空间中精确的位置。而本章提出的基于优化的深度霍夫投票算法先把目标表面的每一个点回归到物体中心，再聚集目标的候选中心点生成提议，可以获取目标更多的全局信息，从而得到更加准确的检测结果。

6.2.1　面向目标的特征提取

面向目标的特征提取将模板中的目标信息编码到搜索空间中，充分挖掘搜索空间和模板中目标的几何相似性，为后续目标的跟踪提供高鉴别力的特征表示。首先通过 PointNet++从目标模板点云和搜索空间点云中获取种子点集，然后利用模板中蕴含的目标信息，将搜索区域种子与目标特定特征结合。同时，该方法能够对模板点云的无序性和不规则性保持稳定。

向 PointNet++输入模板点云 $P_{\text{temp}} = \{p_i = (x_i, y_i, z_i)\}_{i=1}^{N_1}$ 和搜索点云 $P_{\text{sea}} = \{s_i = (x_i, y_i, z_i)\}_{i=1}^{N_2}$，得到模板种子点集 $Q = \{q_i\}_{i=1}^{M_1}$ 和搜索种子点集 $R = \{r_j\}_{j=1}^{M_2}$，其中，M_1 代表模板种子点集中种子点的数量；M_2 代表搜索种子点集中种子点的数量；q_i 和 r_j 分别代表模板种子点和搜索种子点，由三维坐标 $x \in \mathbb{R}^3$ 和特征 $f \in \mathbb{R}^d$ 构成。

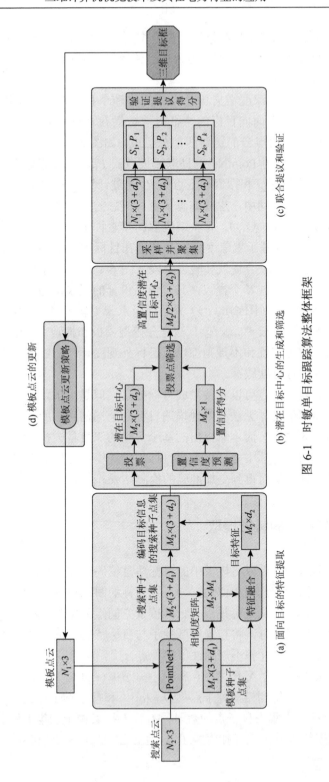

图 6-1　时敏单目标跟踪算法整体框架

为了把 Q 中的目标信息编码到 R 中，使用余弦距离计算它们之间的相似度，生成相似度矩阵 $T = (M_2, M_1)$，计算表达式如下：

$$T_{j,i} = \frac{f_{q_i}^{\mathrm{T}} \cdot f_{r_j}}{\| f_{q_i} \|_2 \cdot \| f_{r_j} \|_2}, \quad \forall q_i \in Q; r_j \in \mathbb{R} \tag{6-1}$$

其中，$T_{j,:}$ 是 T 中的第 j 行，表示了 r_j 与 Q 中所有种子点的相似度。考虑到 Q 的无序性导致特征表示 $T_{j,:}$ 不稳定，采用最大池化操作保证特征的唯一性。首先，使用 Q 的空间坐标和特征增强，每个 $T_{j,:}$ 得到一个大小为 $M_1 \times (1 + 3 + d_1)$ 的张量。然后，通过一系列的操作 ψ（多层感知机网络和最大池化）得到 r_j 的特定目标特征 $f_{r_j}^t \in \mathbb{R}^{d_2}$。最后，通过合并 r_j 的三维坐标 x_{r_j} 和特定目标特征 $f_{r_j}^t$ 生成编码目标信息的搜索种子点集 $D = \{d_j\}_{i=1}^{M_2}$。

6.2.2　潜在目标中心的生成和筛选

每个编码了目标信息的搜索种子点 d_j 可以直接生成一个目标提议，但是单个搜索种子点只捕获了有限的局部信息，无法得到准确的目标位置预测。因此，通过投票回归到潜在目标中心，再进行联合的提议和验证生成最终结果。每个 d_j 生成一个置信度得分，根据得分排序取用前 50% 的 d_j 进行联合提议和验证，以提高目标跟踪的精确度。

每个 d_j 通过多层感知机预测出 Δx_{d_j} 和 Δf_{d_j} 以生成 $c_j = [x_{c_j}; f_{c_j}] \in \mathbb{R}^{3+d_2}$，其中 $x_{c_j} = x_{r_j} + \Delta x_{d_j}$，$f_{c_j} = f_{r_j}^t + \Delta f_{d_j}$。$\Delta x_{d_j}$ 的损失值定义如下：

$$L_{\mathrm{reg}} = \frac{1}{M_{ts}} \sum_j \| \Delta x_{d_j} - \Delta gt_j \| \cdot \mathrm{II}(d_j \text{在目标上}) \tag{6-2}$$

其中，Δgt_j 表示 d_j 到目标中心的真实偏移量；$\mathrm{II}(\cdot)$ 为指示函数，表示只训练在真实目标表面的种子点；M_{ts} 表示被训练点的数量。

每个 d_j 通过多层感知机预测出一个置信度得分 $b_j \in \mathbb{R}$，在真实目标表面的种子点被认为是高置信度的，其余的被认为是低置信度的，通过交叉熵损失函数 L_{cla} 来训练置信度得分 $B = \{b_j\}_{j=1}^{M_2}$。根据置信度得分从潜在目标中心 $C = \{c_j\}_{j=1}^{M_2}$ 中挑选出具有高置信度的潜在目标中心 $E = \{e_k\}_{k=1}^{\frac{M_2}{2}}$，其中，$e_k$ 表示得分排名在前 50% 的种子点。

6.2.3　联合提议和验证

每个 e_k 可以以半径 R 使用球查询来聚集生成一个簇 G_k，其中 $G_k = \{e_i \| \| e_i - e_k \|_2 < R\}$。考虑到相邻的簇具有相似的上下文信息，采用最远点采样从 E 中计算

出大小为 K 的子集，作为簇中心生成 K 个簇。最后，每个簇 $G_t^K\,(1\leqslant t\leqslant \mathrm{K}, t\in\mathbb{Z})$ 通过 ω（多层感知机网络和最大池化）得到提议得分 S_t 和提议 P_t，选取具有最高得分的 P_t 来生成最后的预测结果 $\varPhi$。其中，$P_t=[\Delta x_{G_t^K};\theta_{G_t^K}]\in\mathbb{R}^{3+1}$，$\Delta x_{G_t}$ 表示簇中心点到预测中心点的偏移；θ_{G_t} 表示 X-Y 平面的旋转角度。$\varPhi=[x_{G_t^K}+\Delta x_{G_t^K};\theta_{G_t^K}]\cdot$ $\mathrm{II}(S_t 最大)\in\mathbb{R}^{3+1}$，其中 $x_{G_t^K}$ 表示簇 G_t^K 中心点的三维坐标。

为了学习该网络，定义簇中心点和目标中心点小于 0.3m 的提议作为正样本，簇中心点和目标中心点大于 0.6m 的提议作为负样本，其他提议不做处理。采用交叉熵损失函数 L_{pro} 训练 S_t，采用 smooth-L1 损失函数 L_{box} 训练正样本提议中的 P_t。

6.2.4　模板点云的更新

在生成了当前帧的预测结果 $\varPhi$ 后，基于模板点云更新策略 γ，生成下一帧的模板点云，以适应目标外观的变化。具体来说，指定目标在第一帧的位置为模板点云，之后每一帧的模板点云通过融合第一帧的模板点云和前一帧预测的目标点云生成。具体来说，该方法通过拼接在第一帧和前一帧中目标三维框内的点云生成下一帧输入的模板点云。该方法既包含了目标在第一帧中的真实值，又结合了每一帧的预测结果。在目标物体外观发生改变时，通过融合改变过程中的每一帧中的预测目标点云，可以很好地适应目标形状的改变。

6.2.5　损失函数的定义

通过合并上述所有提到的损失函数作为总的损失函数 L，公式如下所示：

$$L=L_{\mathrm{reg}}+\gamma_1 L_{\mathrm{cla}}+\gamma_2 L_{\mathrm{pro}}+\gamma_3 L_{\mathrm{box}} \tag{6-3}$$

其中，当 $\gamma_1=0.18$，$\gamma_2=1.47$，$\gamma_3=0.18$ 时可以较好地平衡各个损失函数之间的影响。

6.3　实　验　分　析

为了验证本章提出的基于深度霍夫优化投票的三维时敏单目标跟踪算法，在 KITTI 数据集[99]（使用激光雷达扫描空间获取点云）上进行了一系列的实验。采用一次通过评估（One Pass Evaluation，OPE）[100]来评估不同方法的成功率和精准率。成功率是目标预测框和目标真实框之间的 IOU（Intersection Over Union）。精准率是在 0~2m（目标预测框中心和目标真实框中心的距离）内误差的 AUC（Area Under Curve）。

6.3.1　实验配置

1. 数据集

因为 KITTI 测试集的真实值无法获得，本节仅使用训练集来训练和测试本章提出的算法。该数据集包含 21 个室外场景和 8 种类型的目标。由于 KITTI 数据集中小汽车数据具有最高的质量和多样性，本章主要考虑以小汽车为目标的跟踪，并进行了消融实验、定量实验以及定性实验。除此之外，为了进一步验证算法的性能，还对其他三种目标（如行人、货车和自行车）进行了实验。

本章为所有视频中的目标实例逐帧生成了轨迹，并将数据集分割如下：场景 0～16 用于训练，场景 17～18 用于验证，场景 19～20 用于测试。

2. 实施细节

对于模板点云和搜索点云，本章通过随机放弃或复制的方式，把模板点云中的点的数量归一化到 $N_1 = 512$，搜索点云中的点的数量归一化到 $N_2 = 512$。本章采用 PointNet++ 提取点云的几何特征，网络由三个下采样层组成，每层的感知球半径依次为 0.3、0.5、0.7，即每层都从当前点集中采样一半的点，产生了 $M_1 = 64$ 个模板种子点和 $M_2 = 128$ 个搜索种子点，输出特征的维度为 $d_1 = 256$。本章的多层感知机包含三层，每层的大小均为 256，即 $d_2 = 256$。对于采样和聚集生成提议，本章采样 $K = 32$ 个潜在目标的中心点，并为每个采样的目标中心点聚集其 $R = 0.3\text{m}$ 邻域的点以生成提议。

使用 Adam 优化器优化模型参数，Batch 大小为 12，学习率最初为 0.001，在训练集迭代 10 次后变为之前的 0.2。

在测试阶段，使用训练后的网络逐帧预测目标位置信息生成三维目标框，前一帧的预测结果放大 2m，作为后续搜索区域点云。

6.3.2　消融实验

1. 不同的特征提取方式

为了验证本章提出的面向目标特征提取方式的有效性，将本章提出的方法和其他 4 种方法进行对比，包括在合并相似度矩阵和模板种子点时，分别移除模板种子点和搜索种子点的相似度特征、移除模板种子点的特征、移除模板种子点的坐标以及添加搜索种子点的特征，实验结果如表 6-1 所示。

从表 6-1 中可以看出，在移除相似度特征后，模型的成功率下降了 4.6 个百分点，精准率下降了 3.7 个百分点；在移除模板特征后，成功率下降了 1.0 个百分点，精准率下降了 1.9 个百分点。这验证了这些部分在默认设置中的作用。而在添加了搜索种子点的特征后并没有对性能有太大的提升，甚至降低了精准率。这表明，搜索种子点的特征只是捕获了场景中的上下文信息而非目标的信息，因此对于目标跟踪任务没有帮助。而本章采用的方法编码了模板中丰富的目标信息，因而能够产生更加可靠的提议，用于后续目标的精准定位。

表 6-1   不同的特征提取方式

方式	成功率/%	精准率/%
默认设置	54.2	70.4
没有相似度特征	49.6	66.7
没有模板特征	53.2	68.5
添加搜索特征	54.8	70.2

2. 对潜在目标进行筛选的有效性

根据潜在目标中心的置信度得分，进一步筛选出具有高置信度的潜在目标中心，因而能够产生更好的提议。本章通过剔除低置信度的点以对潜在目标进行筛选，以验证该方法的有效性，实验结果如表 6-2 所示。

从表 6-2 中可以看出，对潜在目标的筛选将模型的成功率提升了 2.2 个百分点，精准率提升了 3.0 个百分点。这表明，对潜在目标进行筛选以提高提议的质量，能够显著地提高时敏单目标跟踪的精确度。

表 6-2   筛选潜在目标中心的有效性

方法	成功率/%	精准率/%
默认设置	54.2	70.4
不进行筛选	52.0	67.4

3. 对不同提议数量的鲁棒性

本节测试本章提出的方法和 SC3D[61]在不同数量的提议下的成功率和精准率，实验结果如图 6-2 所示。从图中可以看出，即使在只生成 10 个提议的情况下，本章提出的方法也获得了令人满意的结果。但是，SC3D 的性能随着提议数量的减少急剧下降。这说明本章提出的方法可以高效地生成高质量的提议，使得在提议数量减少时仍然可以保持稳定。

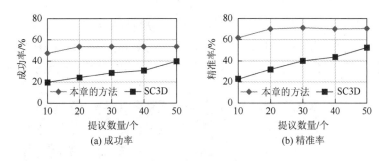

图 6-2　对提议数量的鲁棒性

6.3.3　定量分析

　　SC3D 是当前唯一基于点云的三维目标跟踪算法，本节将本章提出的方法与 SC3D 在跟踪小汽车、行人、货车和自行车上的表现进行对比，实验结果如表 6-3 所示。

　　从表 6-3 中可以看出，本章提出的方法的成功率比 SC3D 高出了约 10 个百分点，在数据丰富的小汽车和行人数据集上具有十分明显的优势。但是，在数据量较少的货车和自行车上性能优势不明显甚至有所下降。这可能是因为该网络依赖于丰富的数据来学习更好的网络，特别是在生成潜在目标中心时。相比之下，SC3D 只需要较少的数据就可以满足两个区域间的相似度测量。为了进一步验证这种想法，使用在小汽车数据上训练好的模型来测试货车，因为小汽车和货车具有较高的相似性。如预期的一样，模型的性能从原来的成功率/精准率 40.6/48.1，变成了成功率/精准率 54.2/70.4，而 SC3D 从成功率/精准率 40.4/47.0，变成了成功率/精准率 41.3/57.9。

表 6-3　本章所提方法与 SC3D 的比较

参数	方法	小汽车 6424（帧数）	行人 6088（帧数）	货车 1248（帧数）	自行车 308（帧数）	平均值 14068（帧数）
成功率/%	SC3D[61]	41.3	18.2	40.4	41.5	35.4
	本章方法	54.2	30.6	40.6	32.6	39.5
精准率/%	SC3D[61]	57.9	37.8	47.0	70.4	53.3
	本章方法	70.4	54.5	48.1	44.2	54.3

6.3.4　定性分析

　　图 6-3 展示了本章提出的方法在 KITTI 数据集上对单目标即小汽车的跟踪过程，同时与当前性能最好的 SC3D 算法进行了对比。

从图 6-3 中可以看出，本章提出的方法可以很好地对目标进行跟踪，在连续多帧中都可以准确地捕获到目标中心。同时，从图 6-3 中可以观察到，即使在第 120 帧目标点云已经十分稀疏时，本章所提方法仍然能够得到满意的结果。

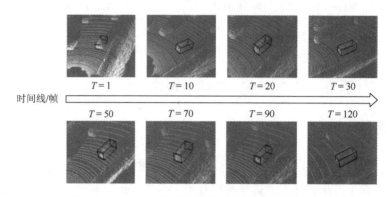

图 6-3　在 KITTI 数据集上的三维时敏单目标跟踪

6.3.5　复杂度分析

本章在 KITTI 测试集上跟踪小汽车目标来验证提出方法的复杂度。具体而言，通过计算测试集中小汽车跟踪的平均时间，来计算模型的运行速度。

在 NVIDIA 2080S 图形处理器上，本章提出的模型以 43.5 帧/秒运行（包括处理点云 7.2ms、模型计算 14.7ms 以及后处理 1.1ms），相较而言 SC3D 以 1.6 帧/秒运行，本章提出的方法具有更低的计算复杂度。

6.4　本　章　小　结

本章介绍了一种基于深度霍夫投票的三维时敏单目标跟踪算法。首先将模板中的目标信息嵌入搜索空间，然后生成高置信度的潜在目标中心，最后通过联合提议和验证产生最终结果。该方法可以进行端到端的训练，精度较高，有效地避免了耗时的三维全局搜索，具有较低的计算复杂度。后续工作考虑优化霍夫投票算法，更加有效地提取目标的局部信息，进一步提高模型的性能，以应对更加具有挑战性的场景。

第 7 章　三维视觉技术电力应用实例

7.1　引　　言

为了响应电力行业数字孪生深化应用的号召，满足智能巡视、远程监控、无人值守、在线巡视等需求，电力企业积极推动三维视觉技术在行业内的应用，对输变电设备设施等进行三维实景建模，融合各类监测数据，以此实现智能监控管理，有力地提升电力企业的安全管理水平[1]。目前，国内的变电站、输电走廊、各类机房已逐步建立不同精细程度的三维模型，推动基于视频监控、机器人、无人机、单兵终端等设备智能巡视及人员作业监控。

本章从变电站三维实景建模、三维实景巡视以及输变电设备智能运检为切入点，介绍三维视觉技术在电力行业的典型应用实例。

7.2　三维实景建模

7.2.1　背景

三维实景建模基于目标场景的二维图像序列（包括灰度图像、彩色图像或深度图像等），利用其几何对应关系重建物体的三维几何信息。常见的三维重构方式主要有三维激光扫描技术、立体视觉技术和深度摄像机扫描技术。三维激光扫描技术通过高速激光扫描测量的方法，大面积、高分辨率地快速获取物体表面各个点的坐标、反射率、纹理等信息，由这些大量、密集的点信息快速复制出 1∶1 真彩色的三维点云模型，具有快速性、效益高、精度高等特点。立体视觉技术基于计算机视觉和多视图立体几何原理，利用单反相机或无人机采集的图像序列、视频数据，实现目标三维模型的自动化重构。深度摄像机扫描技术采用带有深度检测功能的摄像头，利用视差原理来获取深度，然后基于立体视觉技术，实现快速、高精度的三维模型重构技术。三种三维重建技术的优缺点如表 7-1 所示。

在实际电力作业场景中，构筑物结构复杂、异形。因此，需要综合运用三维激光扫描技术和立体视觉技术，融合无人机航拍扫描全场景和手持设备扫描局部细节，开展由粗糙到精细的场景精细化三维实景建模。整体技术路线如图 7-1 所示，通过无人机、激光扫描仪分别获取输变电工程多角度的图像序列和点云数据，采用三维重建算法从多角度图像序列中获得变电站的稠密点云，与处理过的激光点云数据进行融合重构，全方位获取变电站完整表面坐标信息，实现高精度的三维模型。另外，结合变电站的纹理结构图像、基础图纸资料等，对变电站设备模型进行精细化建模。通过建立设备台账信息与设备三维模型的关联关系，形成输变电设备物联网应用的数据基础。

本节首先介绍变电站三维实景建模的关键技术——由粗糙到精细的三维实景建模，然后详细阐述其具体技术方案。

表 7-1　三维重建技术对比

三维重建技术	优点	缺点
三维激光扫描技术	（1）快速获取精准、带有深度信息、GPS 坐标位置的点云数据； （2）与真实模型呈 1∶1 比例； （3）快速性、效益高、精度高	（1）激光扫描仪昂贵； （2）在三维建模方面，目前很多应用是通过手动完成模型的建模和贴图工作，即由 3D MAX 或 MAYA 生成模型，然后再次去获取图像序列数据，通过手动切图进行纹理贴图完成模型整体重构； （3）在三维建模方面，自动建模流程复杂，并不能完全实现自动化
立体视觉技术	基于采集的图像序列数据，自动实现真实、准确的三维建模	（1）算法复杂度高； （2）针对大场景，在精度、效率、实时性方面都还有较大的提升空间
深度摄像机扫描技术	（1）本身具有深度检测功能的摄像机，适用于实时性要求高的应用； （2）若具备相机的内标定参数，可以直接将深度图转为点云，在无人驾驶、机器人、增强现实等方面都有需求	（1）测量范围有限，基本上是几米，最远 20m； （2）深度摄像机取代双目视觉在三维信息提取、物体识别、分类、运动跟踪等方面同样面临很多问题

7.2.2　由粗糙到精细的三维实景建模

针对多种方式采集的点云数据，如何解决跨源点云的融合是精细化三维建模的关键。本节重点介绍由粗糙到精细的三维实景建模方法，运用跨源点云融合技术实现复杂电力作业场景的精细化场景建模。整体而言，跨源点云融合方法主要分为两个步骤：粗糙匹配和精细配准。该方案示意图如图 7-2 所示。

粗糙匹配的目的是在无人机航拍生成点云中找到与手持设备扫描点云匹配的前 k 个区域，从而减少候选区域的数目。通常使用集成形状函数（Ensemble of Shape Function，ESF）描述符计算候选区域的特征向量，完成第一次粗糙匹配。

粗糙匹配完成之后，计算相应的跨源点云的配准，并利用变换误差对匹配结果进行优化。其主要步骤如下：①计算变换矩阵；②根据变换矩阵计算配准的残差；③利用残差对候选区域重新进行排序。

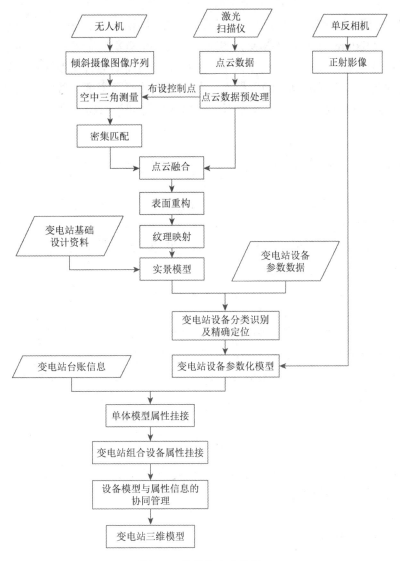

图 7-1　整体技术路线图

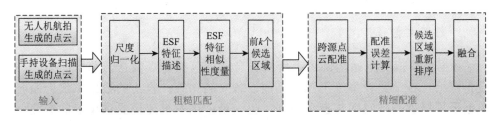

图 7-2　跨源点云融合方案示意图

将点云配准看作概率密度估计问题，其中一个点集表示高斯混合模型（Gaussian Mixture Model，GMM）的质心，另一个点集表示数据点，通过最大化似然估计将 GMM 质心拟合到数据中。采用生成的高斯混合模型计算跨源点云之间的刚性变换。为提高算法的鲁棒性，在 GMM 的概率密度函数中引入均匀分布的噪声和异常值，权重为 w。将所有的 GMM 组件同等看待，则该 GMM 可以描述为

$$p(X_{X_{ji}}) = (1-w)\sum_{k=1}^{K}\frac{1}{K}p(T_j(X_{ji})\,|\,u_k,\sigma_k) + wX\frac{1}{h} \tag{7-1}$$

其中，T_j 表示变换矩阵；K 表示高斯混合模型组件的数量；h 是包含点云数据的 3D 凸壳的体积。

利用参数 θ 重新计算 GMM 质心位置，并通过最大似然估计计算参数 θ，如下所示：

$$Q(\theta) = \sum_{Z} p(Z\,|\,X,\theta)\ln(p(X,Z\,|\,\theta)) \tag{7-2}$$

其中，Z 为定义的潜在变量，表示 T 被分配给了 GMM 的某一个分量。使用期望最大化（Expectation Maximization，EM）算法可以估计出参数。

最后，使用变换矩阵对点云进行变换，计算残差对前一阶段的匹配结果进行重新排序。残差的定义如下：

$$E(T) = \exp\left(-\frac{s^2}{\alpha}\right) \cdot \frac{1}{N}\sum_{i}^{N}\|\,m_i - T(d_i)\,\|_2 \tag{7-3}$$

其中，m_i 表示点云 A 中的第 i 个点；d_i 是匹配点云 B 中 m 的最近邻居。$E(T)$ 的值越低，表示两个点云越相似。

7.2.3　技术方案

变电站三维实景建模的整体工作流程如图 7-3 所示。

1. 数据收集

数据主要指变电站基础图纸资料和台账，包括台账数据、总平面图、各设备图纸、各土建设备施工图及二次设备安装图等。收集的数据不仅为激光数据采集提供基础底图与参考数据，也为精细化三维建模提供精确的参数化数据。

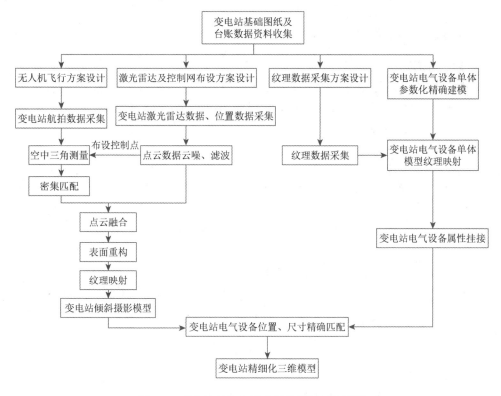

图 7-3　变电站三维实景建模的整体工作流程

2. 站内现场勘查

变电站存在设备线路复杂、周边环境多变等因素。变电站的现场勘查主要包括两种方案：无人机航拍和激光雷达扫描。

采用激光雷达扫描变电站的方案，现场勘查主要步骤如下：

（1）对目标物的形状、地理位置等进行初步踏勘；

（2）查找已有控制点的位置、可用性以及与其他控制点的联测性；

（3）根据设计实施方案、目标内外部形态和空间分布特征、遮挡物及障碍分布情况，判断并计算测站点数、位置以及扫描时的精度、分辨率等；

（4）绘制草图并拍照取样。

采用无人机航拍变电站的方案，需要综合考虑天气及变电站周边环境因素，其首要问题是明确变电站是否处于禁飞区。现场勘查主要步骤如下：

（1）对变电站周围环境、地理位置等进行初步踏勘，确定变电站航拍范围；

（2）确认变电站内带电设备的最低带电距离。

3. 无人机航拍数据采集

1）航高设计

航高的设计需综合考虑所飞变电站区域内带电安全距离、楼高、地面分辨率和现场周边情况。航高的示意图如图 7-4 所示，其计算公式如下：

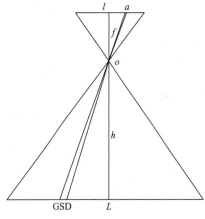

$$\frac{a}{\mathrm{GSD}} = \frac{f}{h} \qquad (7\text{-}4)$$

其中，h 表示飞行高度；f 表示镜头主距；a 表示像元尺寸；GSD 表示地面分辨率。

2）航线布设

无人机飞行航线的设计应遵循"按摄区走向直线布设"的原则，即平行于摄区边界线的首末航线必须确保侧视镜头能获得测区有效影像。采用双镜头布设航线时，需首先设计东西航线，再进行往返飞行，保证获得多角度的倾斜摄影影像。

图 7-4　航高示意图

l 和 L 分别表示上下两条边长

3）飞行质量控制

为保证场景高精度三维重建的要求，需严格控制无人机飞行质量。航向覆盖应超出摄区边界线至少 3 条基线，摄影进点与摄区边界距离应大于 $H \times (2\tan\theta_1 + \tan\theta_2)$，摄影出点与摄区边界距离应大于 $H \times (2\tan\theta_2 + \tan\theta_1)$，$\theta_1$ 表示前视角，θ_2 表示后视角。通常来说，像片航向重叠度设定为 70%～80%，旁向重叠度设定为 50%～80%。关于飞行航高，实际航高与设计航高之差不应大于 50m，同一航线相邻像片的航高差不得大于 30m，最大航高与最小航高之差不应大于 50m。航摄过程中若出现相对漏洞和绝对漏洞，应及时补摄，通常要求采用前一次航摄飞行的数码相机补摄，补摄航线的两端应超出漏洞之外的两条基线。

4）影像质量控制

影像的质量决定了三维重建的精度。影像质量要求影像清晰，反差适中，颜色饱和，色彩鲜明，色调一致，相同地物的色彩基调基本一致。有较丰富的层次，能辨别与地面分辨率相适应的细小地物影像，能够建立清晰的立体模型。影像不应包含云、云隐、烟、大面积反光、污点等缺陷。即使存在少量缺陷，但不影响立体模型的连接和三维模型的建立，可以用于后续三维模型的生产。拼接影像应无明显模糊、重影、错位现象。

因此，摄影时通常要求天气情况良好，有足够的光照度，摄影时太阳高度角应大于 45°，阴影不大于 1 倍，摄影时间以 10:00～15:00 为最佳选择。

5）飞行控制

关于飞行的控制，有严格的操作流程。通常要求飞行前对本架次使用的设备、材料进行认真检查，航摄现场负责人要严格掌握天气标准，确保航摄影像质量，飞行前应组织作业工作人员进行航线设计的技术讲评。

飞行前，严格按照飞行检查单的要求进行飞行前检查，确保设备安装和各项设置正确无误。无人机及人员抵达测区后，立即安排设备和材料的试飞试照，为正式作业做好准备工作。作业期间，对无人机、倾斜相机等主要设备和电源系统、记录系统进行定期检查，使其保持良好的工作状态，注意机体上各部位螺母的检查和飞控系统的测试，确保飞行安全。

4. 点云融合

点云融合前，首先对无人机获取的多视角图像进行预处理，包括原始图像色彩、亮度和对比度的调整和匀色处理。匀色处理应缩小影像间色调差异，使色调均匀，反差适中，层次分明，保持地物色彩不失真。

然后采用数据匹配算法自动匹配出所有影像稠密的同名点，并从影像中抽取更多的特征点构成密集点云。通过添加像控点，将激光点云数据和多视角图像处理得到的密集点云建立关联，再次进行空中三角测量，得到融合后精确的稠密点云。生成的点云数据如图 7-5 所示。

图 7-5　生成的点云数据

5. 模型生产

根据倾斜影像匹配确定体块，进而构建场景的三维模型。三维模型精准反映变电站内房屋屋顶、电气设备外轮廓的基本特征。通常要求，在 200m 视点高度下浏览模型，模型没有明显的拉伸变形或纹理漏洞，不存在拉伸变形、侧视。当所在区域建筑物较为密集，或建筑物较高，存在相互遮挡时，无法获取遮挡部分建筑物的侧视纹理，相应的模型无法表现其全部的细节，允许出现些许的拉伸变形。

6. 纹理数据采集

通常使用专业单反相机，对变电站电气设备进行纹理影像采集，用于后续二维数据与三维点云数据的融合。为了提高纹理覆盖度，多角度采集变电站电气设备的纹理图像。每栋建筑物至少 4 张不同角度的全景图，按照顺时针方向采集其结构纹理和铭牌。如果建筑物太高，从上到下依次拍摄。设备区域以间隔为单位进行拍摄，每个间隔至少两张不同角度的全景图。拍摄间隔内的设备时，遵循由整体到局部的原则，即先拍一张全景图，再拍设备的铭牌（包括运行编号铭牌和设备参数铭牌），然后拍设备细节图，每个设备至少 12 张不同角度的照片。

7. 精细三维模型构建及纹理映射

利用收集的各电气设备、土建设备的详细 CAD 图，以及现场采集的纹理结构图，对变电站的电气设备进行精确的参数化建模。在建模时，始终确保模型的长、宽、高与倾斜摄影模型或点云数据相切。由于倾斜摄影模型、点云数据的坐标是真实的，所以可以保证模型形状、尺寸的真实性。变电站电气设备、设施、建筑模型采用现场采集的真实纹理，能够最大限度地还原变电站场景。

7.3　三维实景巡视

7.3.1　背景

三维实景巡视技术能够提供沉浸式的巡视体验，在电力领域已经得到了一定程度的应用。特别地，该技术适用于设备种类、数量和位置基本不会发生变化的变电站。三维实景巡视技术的应用，能够大幅度地减少现场人工巡视的工作量，降低现场人工巡视带来的安全风险。同时，三维实景巡视技术能够实时展示现场场景，有助于及时发现故障和安全风险，有利于变电站的长期稳定运行。

三维实景巡视技术在应用时，首先建立变电站的数字孪生（三维）实景模型，然后将现场实时视频与三维实景模型进行融合，得到实景融合模型。工作人员可以通过控制实景融合模型中的视角和运动轨迹，在实景模型中进行巡视，从而了解变电站现场状况。但是，当前的三维实景巡视技术存在诸多问题，特别是现场的实时视频与三维实景模型融合不自然，且融合处存在明显的突兀，导致得到的实景融合模型视觉效果不够真实，甚至有可能引起对故障和安全风险的误判。

本节首先介绍一种基于局部场景更新的数字孪生模型智能视频融合算法，然后详细阐述其实施方案。

7.3.2　基于局部场景更新的三维模型智能视频融合

基于局部场景更新的数字孪生（三维）模型视频融合技术，结合变电站中布点的监控摄像机，利用数字孪生（三维）实时视频融合引擎的 AI 算法，采集视频数据与实景数字孪生（三维）模型进行智能融合，实现无缝融合，达到实时的可视化监控。

整体来看，该算法首先利用拍摄设备对监控目标进行实时数据采集，得到第一帧监控图像，并根据目标轮廓信息提取第二帧监控图像。根据拍摄时的环境光照强度 L_J 和构建三维实景模型时的环境光照强度 L_M 对第二帧监控图像进行处理，计算替换图像。利用生成的替换图像对三维实景模型中对应位置进行局部场景的更新，以得到实时的实景融合模型。根据输入指令在显示设备上展示实景融合模型，即实现了变电站三维实景巡视。通过在由局部场景更新得到的实景融合模型中进行巡视，能够将实时的局部区域变化信息融合到三维模型中，从而提高了巡视工作的实效性，减少了工作人员对故障和安全风险的误判。

其具体步骤如下所述。

1. 初始化

在变电站内选取需要进行实时监控的目标，根据预设位置和拍摄角度信息，在变电站内布置拍摄设备。

2. 目标信息提取

利用拍摄设备采集包含目标的预处理图像，从图像中获取目标的边缘轮廓信息。为了保证三维实景巡视的精确度，通常采用手工标注的方法获取目标的边缘轮廓信息，即在预处理图像中标记出目标的边缘轮廓线，记录构成边缘轮廓线的各个像素点的坐标，构成边缘轮廓线的各个像素点的坐标构成了边缘轮廓信息。为了进一步提高精度，采用双边滤波器提取预处理图像中的边缘特征，将相邻的边缘特征连接起来，最终得到目标的边缘轮廓线。

3. 替换图像计算

通过拍摄设备采集第一帧监控图像，并记录拍摄时的环境光照强度 L_J。根据目标的边缘轮廓信息，对第一帧监控图像中对应的像素点进行标记。将第一帧监控图像中相邻的被标记的像素点连接起来，形成首尾相连的围合线，被围合线包围的区域为只包含目标的第二帧监控图像。

重建变电站的三维实景模型，获取构建变电站三维实景模型时的环境光照强度 L_M。根据预设位置信息和预设拍摄角度信息在三维实景模型中截取出第一模型图像。根据边缘轮廓信息对第一模型图像中对应的像素点进行标记；将第一模型图像中相邻的被标记的像素点连接起来，形成首尾相连的围合线，被围合线包围的区域为第二模型图像。通过第二模型图像、环境光照强度 L_J 和 L_M 对第二帧监控图像进行处理，可计算得到替换图像。其计算过程如下。

首先，计算第二帧监控图像的整体色彩表征系数 C_J，如下：

$$C_J = \frac{1}{n^2 L_J} \sum_i^n \sqrt[3]{R_{Ji}^2 + G_{Ji}^2 + B_{Ji}^2} \tag{7-5}$$

其中，R_{Ji} 表示第二帧监控图像中第 i 个像素的 RGB 颜色值中 R 的值；G_{Ji} 表示第二帧监控图像中第 i 个像素的 RGB 颜色值中 G 的值；B_{Ji} 表示第二帧监控图像中第 i 个像素的 RGB 颜色值中 B 的值；n 表示第二帧监控图像中的像素总数量。

计算第二模型图像的整体色彩表征系数 C_M，如下：

$$C_M = \frac{1}{n^2 L_M} \sum_i^n \sqrt[3]{R_{Mi}^2 + G_{Mi}^2 + B_{Mi}^2} \tag{7-6}$$

其中，R_{Mi} 表示第二模型图像中第 i 个像素的 RGB 颜色值中 R 的值；G_{Mi} 表示第二模型图像中第 i 个像素的 RGB 颜色值中 G 的值；B_{Mi} 表示第二模型图像中第 i 个像素的 RGB 颜色值中 B 的值；n 表示第二模型图像中的像素总数量。

根据两幅图像的整体色彩表征系统，计算替换图像。

(1) 当 $0.8 < \dfrac{C_M}{C_J} < 1.15$ 时，根据 $\dfrac{C_M}{C_J}$ 值调节第二帧监控图像的亮度，得到替换图像，其公式如下：

$$A = \left[B + 255\left(1 - \sqrt{\frac{C_M}{C_J}}\right) \right] \cos\left(\frac{90 + 78\dfrac{C_M}{C_J}}{180\pi} \right) \tag{7-7}$$

其中，A 表示调节后第二帧监控图像的亮度值；B 表示调节前第二帧监控图像的亮度值。

(2) 当 $\dfrac{C_M}{C_J} \leqslant 0.8$ 或 $\dfrac{C_M}{C_J} \geqslant 1.15$ 时，通过第二模型图像、环境光照强度 L_J 和 L_M

对第二帧监控图像的各个像素进行融合处理，得到替换图像。

4. 实景融合

利用替换图像覆盖第一模型图像中的第二模型图像，得到实景融合模型。具体而言，对第二帧监控图像的各个像素进行融合处理，如下所示：

$$R_{F(X,Y)} = \left(\frac{R^6_{J(X,Y)}}{R_{M(X,Y)}R_{M(X-1,Y)}R_{M(X+1,Y)}R_{M(X,Y-1)}R_{M(X,Y+1)}} \right)$$
$$\cdot \left(\frac{L_M C_J}{L_J C_M} \right) \left(\frac{2R_{J(X,Y)}}{G_{J(X,Y)}B_{J(X,Y)}} \right) \tag{7-8}$$

$$G_{F(X,Y)} = \left(\frac{G^6_{J(X,Y)}}{G_{M(X,Y)}G_{M(X-1,Y)}G_{M(X+1,Y)}G_{M(X,Y-1)}G_{M(X,Y+1)}} \right)$$
$$\cdot \left(\frac{L_M C_J}{L_J C_M} \right) \left(\frac{2G_{J(X,Y)}}{R_{J(X,Y)}B_{J(X,Y)}} \right) \tag{7-9}$$

$$B_{F(X,Y)} = \left(\frac{B^6_{J(X,Y)}}{B_{M(X,Y)}B_{M(X-1,Y)}B_{M(X+1,Y)}B_{M(X,Y-1)}B_{M(X,Y+1)}} \right)$$
$$\cdot \left(\frac{L_M C_J}{L_J C_M} \right) \left(\frac{2B_{J(X,Y)}}{G_{J(X,Y)}R_{J(X,Y)}} \right) \tag{7-10}$$

其中，R_F 表示替换图像中像素的 RGB 颜色值中 R 的值；G_F 表示替换图像中像素的 RGB 颜色值中 G 的值；B_F 表示替换图像中像素的 RGB 颜色值中 B 的值；R_J 表示第二帧监控图像中像素的 RGB 颜色值中 R 的值；G_J 表示第二帧监控图像中像素的 RGB 颜色值中 G 的值；B_J 表示第二帧监控图像中像素的 RGB 颜色值中 B 的值；R_M 表示第二模型图像中像素的 RGB 颜色值中 R 的值；G_M 表示第二模型图像中像素的 RGB 颜色值中 G 的值；B_M 表示第二模型图像中像素的 RGB 颜色值中 B 的值；X 表示在 X-Y 坐标系中像素在 X 方向上的坐标；Y 表示在 X-Y 坐标系中像素在 Y 方向上的坐标。

7.3.3　技术方案

数字孪生（三维）模型智能视频融合实现了现场实时视频、巡检机器人实时画面与三维实景模型无缝融合。三维实景巡视可以沉浸式地融合展示实景数字孪生（三维）模型中局部区域实时视频，有效监视变电站现场设备及人员状态。针对基于三维实景的巡视，其具体实施的技术方向包括：搭建实景 3D 视频智能可视化支撑平台，实景 3D 设备可拆卸/组装可视化检修，变电站全息全景动态 3D 报表，变电站关键设备（实景 3D 变压器）远方协同诊断。

其具体实施方案如下。

（1）搭建一套实景 3D 视频智能可视化支撑平台，具备实景 3D 模型管理、实景 3D 典型应用套件、实景 3D 微应用商店等模块能力。该平台可实现实景 3D 模型从建模、管理、发布等功能，并自带典型应用套件，还可基于该平台进行差异化二次开发并发布到应用商店上使用。该平台可部署在省电力公司/地市供电公司主站，平台架构如图 7-6 所示。

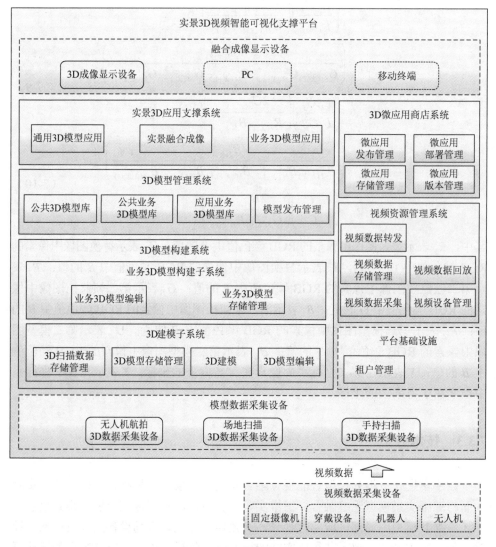

图 7-6　实景 3D 视频智能可视化支撑平台架构

（2）研发实景 3D 设备可拆卸/组装可视化检修微应用，通过电力设备外观及内部构件进行 3D 数据扫描和精细化建模，实现设备的实景 3D 模型还原。运维检修人员可以通过 PC 端浏览器或手机端浏览器访问 3D 可视化系统微应用，点击查看和操作设备 3D 模型，一键拆卸和组装 3D 模型，自由旋转模型、多角度查看外观和内部构件，为设备检修提供作业指导和决策依据。

（3）研发变电站全息全景动态 3D 报表微应用，运维检修人员可以通过 PC 端浏览器或手机端浏览器访问 3D 可视化系统，在变电站实景 3D 场景中漫游、缩放旋转场景，点击查看各个电力设备 3D 模型，关联显示各电力设备台账信息、设备运行状态信息、告警信息等，实现变电站全息全景动态 3D 报表微应用。变电站全景 3D 动态报表示意图如图 7-7 所示。

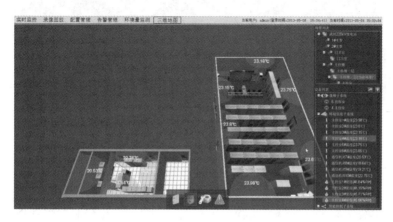

图 7-7　变电站全景 3D 动态报表示意图

（4）研发变电站关键设备（实景 3D 变压器）远方协同诊断微应用，运维检修人员可以通过 PC 端浏览器或手机端浏览器访问 3D 可视化系统微应用，点击查看和操作设备的 3D 模型，查看变压器台账、油色谱等信息，并且通过 3D 可视化系统的 3D 场景与实时视频融合功能，能够在变压器 3D 场景中查看油位表、油温表、挡位表等表计设备的实时更新状态，结合在线监测数据与红外测温数据，实现变压器远方协同巡视诊断。

7.4　输变电设备智能运检典型应用

本节介绍三维视觉技术在输变电设备智能运检场景中的典型应用。

1. 场景漫游

三维实景巡视提供场景漫游功能，以浏览器为载体快速展现数字孪生（三维）

模型，并可通过鼠标和键盘操作三维模型。支持全景 3D 漫游与沉浸式漫游巡视，包括上帝视角和第一人称视角两种方式漫游。其中，第一人称视角漫游功能有建筑信息模型中第一人称视角漫游和实景数字孪生（三维）模型第一人称视角漫游两种方式。典型的场景漫游示意图如图 7-8 所示。

图 7-8　场景漫游示意图

2. 设备信息数据展示

三维实景巡视在数字孪生（三维）模型上关联一次设备检修和告警信息，从而实现真实数字孪生（三维）可视化场景浏览、漫游、检修和缺陷管理等。支持在数字孪生（三维）模型中选择需要巡检的设备，并配置模拟巡检的路径，完成巡检任务；支持在实景巡检过程中，以第一视角查看融合的视频与各类信息（包括该项巡视时间、巡视结果等内容），巡检结束形成巡检任务记录。另外，实景巡视支持查看历史实景巡检情况，便于情景回溯。

3. 告警联动

三维实景巡视支持巡视告警联动，当设备有未处理巡视告警时，在三维模型中展示告警标志，同时对应设备采用红色闪烁，并转动附近的摄像机照射告警设备，告警联动示意图如图 7-9 所示。

4. 数字孪生（三维）模型智能视频联动

三维实景巡视支持数字孪生（三维）模型智能视频联动，即支持摄像机预置位智能设置，在数字孪生（三维）模型场景中可快速设置预置位，实现高效便捷的"指哪看哪"，为视频智能分析提供快速支撑。

图 7-9　告警联动示意图

5. 设备台账信息展示

三维实景巡视支持设备台账信息的导入，使数字孪生（三维）模型与台账、文档、图片等文件进行智能关联，可满足变电站运维过程中各巡视、操作业务系统中对模型的应用需求，为电气设备的协同管理提供基础。

6. 自定义精准测量

三维实景巡视支持自定义精准测量，即现场勘查时基于实景数字孪生（三维）模型，可对两点之间进行远程的空间距离测量，对变电站的场景区域进行面积的测量和计算，为现场施工、大型车辆作业提供数据依据。具体包括以下两个情景。

（1）空间测距：选择变电站实景数字孪生（三维）场景中的任意两点，可自动计算出空间距离，并以标签的形式实时展示在数字孪生（三维）场景中。

（2）空间面积测量：选择变电站实景数字孪生（三维）场景中任意点闭合的区域，自动计算其面积，并以标签的形式展示在数字孪生（三维）场景中。

7. 变压器模型拆解

在变电站、变压器厂家提供的数据基础上，三维实景巡视构建主变压器内部数字孪生模型，实现主变压器模型拆解，呈现拆解后设备部件的详细信息。变压器模型拆解示意图如图 7-10 所示。

8. 输电线路巡视

三维实景巡视支持对输电线路的实时监测，包括规划无人机巡视路径、设定视野高度、调整视角和飞行速度，模拟仿真无人机飞行，如图 7-11 所示。

图 7-10　变压器模型拆解示意图

图 7-11　输电线路巡视示意图

7.5　本 章 小 结

　　本章以电力行业为场景，从变电站三维实景建模、三维实景巡视以及基于三维实景的智能运检应用为切入点，介绍三维视觉技术的典型应用实例。综合运用多种三维模型重构以及融合方法，构建与电力作业现场物理空间信息一致的三维精细化场景模型。采用基于局部场景更新的方法，实现高精度的变电站三维模型实景巡视。最后，介绍输变电设备智能运检的典型应用，支撑电网数字化转型。

参 考 文 献

[1]   Besl P J, Jain R C. Three-dimensional object recognition[J]. ACM Computing Surveys, 1985, 17 (1): 75-145.

[2]   Guo Y L, Bennamoun M, Sohel F, et al. 3D object recognition in cluttered scenes with local surface features: A survey[J]. IEEE Transactions on Pattern Analysis and Machine Intelligence, 2014, 36 (11): 2270-2287.

[3]   Litman R, Bronstein A M, Bronstein M M. Diffusion-geometric maximally stable component detection in deformable shapes[J]. Computers & Graphics, 2011, 35 (3): 549-560.

[4]   Rodola E, Bulo S R, Cremers D. Robust region detection via consensus segmentation of deformable shapes[J]. Computer Graphics Forum, 2014, 33 (5): 97-106.

[5]   Subramanian V G, Thibert B, Ovsjanikov M, et al. Stable region correspondences between non-isometric shapes[J]. Computer Graphics Forum, 2016, 35 (5): 121-133.

[6]   Ovsjanikov M, Ben C M, Solomon J, et al. Functional maps: A flexible representation of maps between shapes[J]. ACM Transactions on Graphics, 2012, 31 (4): 30.

[7]   Lowe D G. Distinctive image features from scale-invariant keypoints[J]. International Journal of Computer Vision, 2004, 60 (2): 91-110.

[8]   Zaharescu A, Boyer E, Horaud R. Keypoints and local descriptors of scalar functions on 2D manifolds[J]. International Journal of Computer Vision, 2012, 100 (1): 78-98.

[9]   Sipiran I, Bustos B. Harris 3D: A robust extension of the Harris operator for interest point detection on 3D meshes[J]. The Visual Computer, 2011, 27 (11): 963-976.

[10] Harris C, Stephens M. A combined corner and edge detector[C]. Alvey Vision Conference Proceedings, Manchester, 1988: 147-151.

[11] Sun J, Ovsjanikov M, Guibas L. A concise and provably informative multi-scale signature based on heat diffusion[J]. Computer Graphics Forum, 2009, 28 (5): 1383-1392.

[12] Reuter M, Wolter F E, Peinecke N. Laplace-Beltrami spectra as "Shape-DNA" of surfaces and solids[J]. Computer-Aided Design, 2006, 38 (4): 342-366.

[13] Rustamov R M. Laplace-Beltrami eigenfunctions for deformation invariant shape representation[C]. Eurographics Symposium on Geometry Processing Proceedings, Barcelona, 2007: 225-233.

[14] Bronstein M M, Kokkinos I. Scale-invariant heat kernel signatures for nonrigid shape recognition[C]. IEEE Conference on Computer Vision and Pattern Recognition Proceedings, San Francisco, 2010: 1704-1711.

[15] Kokkinos I, Bronstein M M, Litman R, et al. Intrinsic shape context descriptors for deformable shapes[C]. IEEE Conference on Computer Vision and Pattern Recognition Proceedings, Providence, 2012: 159-166.

[16] Aubry M，Schlickewei U，Cremers D. The wave kernel signature：A quantum mechanical approach to shape analysis[C]. IEEE International Conference on Computer Vision Workshops Proceedings，Barcelona，2011：1626-1633.

[17] Litman R，Bronstein A M. Learning spectral descriptors for deformable shape correspondence[J]. IEEE Transactions on Pattern Analysis and Machine Intelligence，2014，36（1）：171-180.

[18] Boscaini D，Masci J，Rodolà E，et al. Learning shape correspondence with anisotropic convolutional neural networks[C]. Advances in Neural Information Processing Systems Proceedings，Barcelona，2016：3189-3197.

[19] Xie J，Wang M，Fang Y. Learned binary spectral shape descriptor for 3D shape correspondence[C]. IEEE Conference on Computer Vision and Pattern Recognition Proceedings，Las Vegas，2016：3309-3317.

[20] Litman R，Bronstein A M，Bronstein M M. Stable volumetric features in deformable shapes[J]. Computers & Graphics，2012，36（5）：569-576.

[21] Sipiran I，Bustos B. Key-components：Detection of salient regions on 3D meshes[J]. The Visual Computer，2013，29（12）：1319-1332.

[22] Reuter M. Hierarchical shape segmentation and registration via topological features of Laplace-Beltrami eigenfunctions[J]. International Journal of Computer Vision，2010，89（2/3）：287-308.

[23] Bronstein A M，Bronstein M M，Kimmel R，et al. A Gromov-Hausdorff framework with diffusion geometry for topologically-robust non-rigid shape matching[J]. International Journal of Computer Vision，2010，89（2/3）：266-286.

[24] Skraba P，Ovsjanikov M，Chazal F，et al. Persistence-based segmentation of deformable shapes[C]. IEEE Conference on Computer Vision and Pattern Recognition Workshops Proceedings，San Francisco，2010：45-52.

[25] Dey T K，Li K，Luo C，et al. Persistent heat signature for pose-oblivious matching of incomplete models[J]. Computer Graphics Forum，2010，29（5）：1545-1554.

[26] Benjamin W，Polk A W，Vishwanathan S V N，et al. Heat walk：Robust salient segmentation of nonrigid shapes[J]. Computer Graphics Forum，2011，30（7）：2097-2106.

[27] Bronstein A M，Bronstein M M，Kimmel R. Generalized multidimensional scaling：A framework for isometry-invariant partial surface matching[J]. The National Academy of Sciences，2006，103（5）：1168-1172.

[28] Lipman Y，Funkhouser T. Möbius voting for surface correspondence[J]. ACM Transactions on Graphics，2009，28（3）：1-12.

[29] Ovsjanikov M，Mérigot Q，Mémoli F，et al. One point isometric matching with the heat kernel[J]. Computer Graphics Forum，2010，29（5）：1555-1564.

[30] Tevs A，Bokeloh M，Wand M，et al. Isometric registration of ambiguous and partial data[C]. IEEE Conference on Computer Vision and Pattern Recognition Proceedings，Anchorage，2009：1185-1192.

[31] Tevs A，Berner A，Wand M，et al. Intrinsic shape matching by planned landmark sampling[J]. Computer Graphics Forum，2011，30（2）：543-552.

[32] Zhang H, Sheffer A, Cohen-Or D, et al. Deformation-driven shape correspondence[J]. Computer Graphics Forum, 2008, 27（5）: 1431-1439.

[33] Zaharescu A, Boyer E, Varanasi K, et al. Surface feature detection and description with applications to mesh matching[C]. IEEE Conference on Computer Vision and Pattern Recognition Proceedings, Anchorage, 2009: 373-380.

[34] Sahillioglu Y, Yemez Y. 3D shape correspondence by isometry-driven greedy optimization[C]. IEEE Conference on Computer Vision and Pattern Recognition Proceedings, San Francisco, 2010: 453-458.

[35] Sharma A, Horaud R, Cech J, et al. Topologically-robust 3D shape matching based on diffusion geometry and seed growing[C]. IEEE Conference on Computer Vision and Pattern Recognition Proceedings, Colorado Springs, 2011: 2481-2488.

[36] Hsu H W, Wu T Y, Wan S, et al. QuatNet: Quaternion-based head pose estimation with multiregression loss [J]. IEEE Transactions on Multimedia, 2019, 21（4）: 1035-1046.

[37] Patacchiola M, Cangelosi A. Head pose estimation in the wild using convolutional neural networks and adaptive gradient methods [J]. Pattern Recognition, 2017, 71: 132-143.

[38] Ruiz N, Chong E, Rehg J. Fine-grained head pose estimation without keypoints [C]. IEEE Conference on Computer Vision and Pattern Recognition Workshops, Washington, 2018: 2074-2083.

[39] Ahn B, Park J, Kweon I S. Real-time head orientation from a monocular camera using deep neural network [C]. Asian Conference on Computer Vision, LNCS 9005. Cham: Springer, 2014: 82-96.

[40] Drouard V, Evangelidis G, et al. Head pose estimation via probabilistic high-dimensional regression[C]. IEEE International Conference on Image Processing, Washington, 2015: 4624-4628.

[41] Venturelli M, Borghi G, Vezzani R, et al. From depth data to head pose estimation: A siamese approach[C]. International Joint Conference on Computer Vision, Imaging and Computer Graphics Theory and Applications, Setúbal, 2017: 194-201.

[42] Fanelli G, Gall J, Gool L V. Real time head pose estimation with random regression forests [C]. IEEE Conference on Computer Vision and Pattern Recognition, Washington, 2011: 617-624.

[43] Padelleris P, Zabulis X, Argyros A A. Head pose estimation on depth data based on particle swarm optimization[C]. IEEE Conference on Computer Vision and Pattern Recognition Workshops, Washington, 2012: 42-49.

[44] Papazov C, Marks T K, Jones M J. Real-time 3D head pose and facial landmark estimation from depth images using triangular surface patch features[C]. IEEE Conference on Computer Vision and Pattern Recognition, Washington, 2015: 4722-4730.

[45] Venturelli M, Borghi G, Vezzani R, et al. Deep head pose estimation from depth data for in-car automotive applications[C]. International Conference on Pattern Recognition, LNCS 10188. Cham: Springer, 2016: 74-85.

[46] Chen X, Cao Z G, Xiao Y, et al. Hand pose estimation in depth image using CNN and random forest[C]. International Symposium on Multispectral Image Processing and Pattern Recognition, Pattern Recognition and Computer Vision. LNCS 10609. Bellingham: SPIE, 2017.

[47] Qi C R, Su H, Mo K, et al. Pointnet: Deep learning on point sets for 3d classification and segmentation[C]. IEEE Conference on Computer Vision and Pattern Recognition, Washington, 2017: 77-85.

[48] Qi C R, Yi L, Su H, et al. Pointnet plus plus: Deep hierarchical feature learning on point sets in a metric space[C]. Annual Conference on Neural Information Processing Systems. San Francisco: Morgan Kaufmann, 2017.

[49] Ran T, Efstratios G, Smeulders A W. Siamese instance search for tracking[C]. IEEE Conference on Computer Vision and Pattern Recognition, Las Vegas, 2016.

[50] Bo L, Yan J J, Wu W, et al. High performance visual tracking with siamese region proposal network[C]. IEEE Conference on Computer Vision and Pattern Recognition, Salt Lake City, 2018.

[51] Zhang Z, Peng H. Deeper and wider siamese networks for real-time visual tracking[C]. IEEE Conference on Computer Vision and Pattern Recognition, Long Beach, 2019.

[52] Wang Q, Zhang L, Bertinetto L, et al. Fast online object tracking and segmentation: A unifying approach[C]. IEEE Conference on Computer Vision and Pattern Recognition, Long Beach, 2019.

[53] Asvadi A, Girão P, Peixoto P, et al. 3d object tracking using rgb and lidar data[C]. IEEE International Conference on Intelligent Transportation Systems, Rio de Jan eiro, 2016.

[54] Liu Y, Jing X Y, Nie J, et al. Context-aware three-dimensional meanshift with occlusion handling for robust object tracking in rgb-d videos[J]. IEEE Transactions on Multimedia, 2019, 21 (3): 664-677.

[55] Klokov R, Lempitsky V. Escape from cells: Deep kd-networks for the recognition of 3d point cloud models[C]. IEEE International Conference on Computer Vision, Venice, 2017.

[56] Li Y Y, Bu R, Sun M C, et al. Pointcnn: Convolution on x-transformed points[C]. Advances in Neural Information Processing Systems, Montréal, 2018.

[57] Charles R Q, Or L, He K M, et al. Deep hough voting for 3d object detection in point clouds[C]. IEEE International Conference on Computer Vision, Seoul, 2019.

[58] Shi S S, Wang X G, Li H S. Pointrcnn: 3D object proposal generation and detection from point cloud[C]. IEEE Conference on Computer Vision and Pattern Recognition, Long Beach, 2019.

[59] Li S L, Lee D H. Point-to-pose voting-based hand pose estimation using residual permutation equivariant layer[C]. IEEE Conference on Computer Vision and Pattern Recognition, Long Beach, 2019.

[60] Ge L H, Cai Y J, Weng J W, et al. Hand pointnet: 3D hand pose estimation using point sets[C]. IEEE Conference on Computer Vision and Pattern Recognition, Salt Lake City, 2018.

[61] Giancola S, Zarzar J, Ghanem B. Leveraging shape completion for 3d siamese tracking[C]. IEEE Conference on Computer Vision and Pattern Recognition, Long Beach, 2019.

[62] Leibe B, Leonardis A, Schiele B. Robust object detection with interleaved categorization and segmentation[J]. International Journal of Computer Vision, 2008, 77 (1/2/3): 259-289.

[63] Ballard D H. Generalizing the hough transform to detect arbitrary shapes[J]. Pattern Recognition, 1981, 13 (2): 111-122.

[64] 张书玮. 基于机器视觉和雷达数据融合的变电站巡检机器人自主导航方法研究[D]. 武汉:

华中科技大学，2019.

[65] 宋志勇，白皓，张海龙，等. 一种基于 SLAM 的无人机影像快速三维重建方法[J]. 科技创新与应用，2019，15：3.

[66] 章梦娜. 基于多源感知的智能巡检机器人系统的设计与实现[D]. 杭州：浙江工业大学，2020.

[67] 吴洪昊. 基于电力巡检的无人机导航系统[D]. 淮南：安徽理工大学，2017.

[68] 常志增，杨超，陈梦，等. 基于机器视觉的重合闸远方投退监控装置的研究[J]. 电力系统装备，2020，（18）：15-16.

[69] Godil A，Wagan A I. Salient local 3D features for 3D shape retrieval[C]. SPIE Electronic Imaging Proceedings，San Francisco，2011：1-9.

[70] Guo Y L，Sohel F，Bennamoun M，et al. Rotational projection statistics for 3D local surface description and object recognition[J]. International Journal of Computer Vision, 2013, 105（1）：63-86.

[71] Chua C S，Jarvis R. Point signatures：A new representation for 3D object recognition[J]. International Journal of Computer Vision，1997，25（1）：63-85.

[72] Johnson A E，Hebert M. Using spin images for efficient object recognition in cluttered 3D scenes[J]. IEEE Transactions on Pattern Analysis and Machine Intelligence，1999，21（5）：433-449.

[73] Chazal F，Guibas L J，Oudot S Y，et al. Persistence-based clustering in riemannian manifolds[J]. Journal of the ACM，2013，60（6）：41-78.

[74] Meyer M，Desbrun M，Schröder P，et al. Discrete Differential-Geometry Operators for Triangulated 2-Manifolds[M]. Heidelberg：Springer，2003：35-57.

[75] Bauer U，Kerber M，Reininghaus J，et al. Phat-persistent homology algorithms toolbox[J]. Journal of Symbolic Computation，2017，78（2）：76-90.

[76] Golovinskiy A，Funkhouser T. Randomized cuts for 3D mesh analysis[J]. ACM Transactions on Graphics，2008，27（5）：145-154.

[77] Shapira L，Shamir A，Cohen-Or D. Consistent mesh partitioning and skeletonisation using the shape diameter function[J]. The Visual Computer，2008，24（4）：249-259.

[78] Katz S，Leifman G，Tal A. Mesh segmentation using feature point and core extraction[J]. The Visual Computer，2005，21（8/9/10）：649-658.

[79] Lai Y K，Hu S M，Martin R R，et al. Fast mesh segmentation using random walks[C]. ACM Symposium on Solid and Physical Modeling Proceedings，New York，2008：183-191.

[80] Attene M，Falcidieno B，Spagnuolo M. Hierarchical mesh segmentation based on fitting primitives[J]. The Visual Computer，2006，22（3）：181-193.

[81] Shlafman S，Tal A，Katz S. Metamorphosis of polyhedral surfaces using decomposition[J]. Computer Graphics Forum，2002，21（3）：219-228.

[82] Besl P J，McKay N D. Method for registration of 3D shapes[C]. Sensor Fusion IV：Control Paradigms and Data Structures Proceedings，Boston，1992：586-607.

[83] Huang Q X，Adams B，Wicke M，et al. Nonrigid registration under isometric deformations[J]. Computer Graphics Forum，2008，27（5）：1449-1457.

[84] Sahillioğlu Y，Yemez Y. Coarse-to-fine combinatorial matching for dense isometric shape correspondence[J]. Computer Graphics Forum，2011，30（5）：1461-1470.

[85] Mateus D，Horaud R，Knossow D，et al. Articulated shape matching using Laplacian eigenfunctions and unsupervised point registration[C]. IEEE Conference on Computer Vision and Pattern Recognition Proceedings，Anchorage，2008：1-8.

[86] Sharma A，Horaud R. Shape matching based on diffusion embedding and on mutual isometric consistency[C]. IEEE Conference on Computer Vision and Pattern Recognition Workshops Proceedings，San Francisco，2010：29-36.

[87] Dubrovina A，Kimmel R. Approximately isometric shape correspondence by matching pointwise spectral features and global geodesic structures[J]. Advances in Adaptive Data Analysis，2011，3（1）：203-228.

[88] Rodolà E，Moeller M，Cremers D. Point-wise map recovery and refinement from functional correspondence[C]. Vision，Modeling & Visualization Proceedings，Bayreuth，2015：14-35.

[89] Rodolà E，Bronstein A M，Albarelli A，et al. A game-theoretic approach to deformable shape matching[C]. IEEE Conference on Computer Vision and Pattern Recognition Proceedings，Providence，2012：182-189.

[90] Wang X P，Sohel F，Bennamoun M，et al. Persistence-based interest point detection for 3D deformable surface[C]. International Conference on Computer Graphics Theory and Applications Proceedings，Porto，2017：58-69.

[91] Kim V G，Lipman Y，Funkhouser T. Blended intrinsic maps[J]. ACM Transactions on Graphics，2011，30（4）：1-12.

[92] Pokrass J，Bronstein A M，Bronstein M M，et al. Sparse modeling of intrinsic correspondences[J]. Computer Graphics Forum，2013，32（4）：459-468.

[93] Yann L，Yoshua B，Geoffrey H. Deep learning[J]. Nature，2015，521（7553）：436-444.

[94] Fathian K，Paredes J P R，Doucette E A，et al. QuEst: A quaternion-based approach for camera motion estimation from minimal feature points[J]. IEEE Robotics and Automation Letters，2018，3（2）：857-864.

[95] Yang J L，Wei L，Jia Y D. Face pose estimation with combined 2D and 3D hog features[C]. Proceedings of the 21st International Conference on Pattern Recognition. Washington：IEEE Computer Society，2012：2492-2495.

[96] Robinson P，Morency L，Baltrusaitis T. 3D Constrained Local Model for rigid and non-rigid facial tracking[C]. Proceedings of the 2012 Conference on Computer Vision and Pattern Recognition. Washington：IEEE Computer Society，2012：2610-2617.

[97] Luo W J，Yang B，Urtasun R. Fast and furious: Real time end-to-end 3d detection，tracking and motion forecasting with a single convolutional net[C]. Proceedings of IEEE Conference on Computer Vision and Pattern Recognition（CVPR），Amsterdam，2018.

[98] Bertinetto L，Valmadre J，Henriques J F，et al. Fully-convolutional siamese networks for object tracking[C]. Proceedings of European Conference on Computer Vision（ECCV），Amsterdam，2016.

[99] Geiger A，Lenz P，Urtasun R. Are we ready for autonomous driving? the kitti vision benchmark suite[C]. Proceedings of IEEE Conference on Computer Vision and Pattern Recognition（CVPR），Providence，2012.

[100] Wu Y，Lim J W，Yang M H. Online object tracking：A benchmark[C]. Proceedings of IEEE Conference on Computer Vision and Pattern Recognition（CVPR），Portland，2013.